えっ⁉　パンダは肉が大好きだった‼

――いきものたちの不思議な生態――

はじめに

私たちの住むこの地球に生命が誕生したのは、38億年前。46億年前に地球が誕生し、その8億年後に原始生命体が生まれ、今日までに少なくとも10億種以上の生物が生まれていると考えられています。その大部分はすでに絶滅していますが、今もさまざまな生物が生活を営み、現生の動植物で認知されているのは約145万種。すべての種を合わせると、8000万～1億以上とも推測され、それら多種多様な生物が、地球上の酷寒の地、海や高山や砂漠などに、実にうまく環境に適応しながら暮らしていることには、本当に驚かされます。

本書には、その中でも特に不思議で、謎の多い生物をたくさん登場させました。いまだ食性が解明されていない野生のパンダや、石油の中で生きるセキユバエ、人喰い魚と言われるカンディル、自分の体より大きな魚を胃袋に入れるオニボウズギスなど、数えればきりがないほど、謎に満ちたさまざまな生物がいるのです。私たち人間は、この生物たちから生き方の知恵を学び、共存する、地球号の仲間でもあります。

生き物の謎に包まれた奇妙な生態をまとめる作業の中、沖縄の実業家で、テレビなど催事のプロデューサーとしても著名な西銘一氏がいつも言っておられ

た口癖を思い出しました——「動物に学ぶことが多い」。肉食獣のリカオンやオオカミなどは、狩りの際、年寄りや子どもを安全な場所に残し、仲間で連携して狩りを行います。決して必要以上の無駄な狩りをしません。また、ボノボ（ピグミーチンパンジー）は、グループでエサ場に着くと、まず年寄りや子どもに食事をさせ、若いものは見張りをしながら順番を待ちます。地球上のほとんどの生き物は、このように、弱者を優先して守り、面倒もよく見ます。人間の世界では、子どもに食事を与えず餓死させるニュースを度々目にしますが、ほかの生き物たちは、まるでお手本のような営みを、自然と行っているのです。まさに、「動物から学ぶ」という言葉どおりです。

　地球上のありとあらゆる環境に適応しながら、独自の営みで子を守り、仲間を守って暮らす生き物たち。その奥深く、謎に包まれた奇妙な生態を1冊にまとめました。出版のチャンスをいただいた、株式会社ブックマン社の木谷仁哉社長、編集の越海辰夫さん、イラストレーターのなんばきびさん、関係者の皆様にお礼を申し上げます。

動物学博士　吉村卓三

目次

えっ!? パンダは肉が大好きだった!!
――いきものたちの不思議な生態――

はじめに 003

動物

- アイアイ　木の中に潜む幼虫の微かな音を聞き出す地獄耳 014
- アメリカクロクマ　厳しい冬を乗り切る、冬眠の謎が解明 015
- イタチ　主食のネズミは、血を吸い脳を食べるだけでポイ 016
- イッカククジラ　謎の牙を持つクジラ 017
- イワサキセダカヘビ　カタツムリが主食で、特殊に進化した口を持つ 018
- ウサギ　乳を3回与えるだけで、子育て終了 019

- ウシ 胃の中に、いくら食べても減らない栄養源を持つ 020
- オオアリクイ 食べ過ぎないことで食糧確保 021
- オカピ 首が短いキリンの祖先 022
- カバ 血の色の汗を流す暑がり屋 023
- ガラガラヘビ 使い果たすと、毒の補充に2カ月かかる 024
- キリン 超高血圧！ 025
- クズリ 自分の体重の50倍近い獲物を襲う、小さな悪魔 026
- グリーンバシリスク 水の上を走ることができる 027
- コアラ 離乳食は、お母さんのウンチ 028
- コウモリ 明るい場所ではうまく飛べない 029
- シマウマ 縞模様は、ハンターに的を絞らせないため 030
- ジャイアントパンダ 実は肉が大好き 031
- ジャワマメジカ ウサギほどのサイズしかない世界最小のシカ 032
- スレンダーロリス カメよりもノロマな動きのサル 033
- ゾウ 1日15時間も食事する 034
- ソレノドン 毒を使う太古からの生き残り 035

- タスマニアデビル　悪魔の名を持つ
- テングザル　大きく、高い、滑稽な鼻を持つ 036
- ナマケグマ　不名誉な名をつけられたが、実は木登り上手 037
- ナマケモノ　意外や、水泳の名人 038
- ネズミ　1対から年間7000匹以上を繁殖 039
- ハダカデバネズミ　発達した歯と顎で、ひたすら穴堀りに明け暮れる 040
- ハヌマンラングール　母親の前で先代のボスの子どもを噛み殺す 041
- ビクーニャ　上質で高価な「神の毛」を持つ 042
- ヒグマ　赤ん坊から成人までの体重差が約1000倍 043
- ヒョウ　子育て上手なシングルマザー 044
- ブタ　自分専用の乳首で母乳を飲む 045
- プロングホーン　チーターよりも速い最速動物 046
- ホシバナモグラ　ヘンな形をした鼻は、高感度センサー 047
- ボノボ　繁殖に結びつかない性行為を行うのは人とボノボだけ 048
- マッコウクジラ　2段階の酸素消費で水深2200メートルまで潜水 049
- マントヒヒ　子煩悩で、浮気したメスには死のリンチを振るうオス 050
051

ミズオポッサム 世界の動物の中で臭さナンバーワンの珍獣 052

ミツユビハコガメ 甲羅をロックする蝶番を持つ、3つ目の爬虫類 053

ムカシトカゲ 恐竜時代の生き残りといわれる 054

ムササビ 最高160メートルも滑空する 055

メキシカン・ヘアレス・ドッグ 人を温めた、体毛のない湯たんぽ犬 056

モグラ 空腹が5時間続くと死に至る 057

ヤブイヌ メスは、逆立ちしながら放尿する 058

ラクダ 飲まず食わずで1週間は平気 059

ラッコ 食事も睡眠も子育ても、水に浮かんだまま済ます 060

リカオン 死肉を食べない、サバンナの残酷な殺し屋 061

リス クルミ好きなのは、生涯伸び続ける歯を削るため 062

ワニガメ 口の中にワナを仕掛け捕食する 063

鳥 066

アマツバメ 飛びながら、食事や睡眠、交尾まで行う

- エミュー　人間と戦争をしたことがある 067
- カッコウ　よその鳥の巣に卵を産みつけ、子育てさせる 068
- キョクアジサシ　ほぼ地球一周に及ぶ長旅 069
- コウテイペンギン　オスは卵を股の上に乗せて温める 070
- コトドリ　九官鳥やオウムを凌ぐモノマネ名人 071
- スズメ　桜の蜜が好物 072
- ダチョウ　卵の大きさは、ニワトリの卵の25個分 073
- ツバメ　人間を用心棒にして天敵から雛を守る 074
- ニワトリ　生涯、卵を2000個以上も産む 075
- ハゲワシ　頭が禿げているのは、ばい菌の侵入を防ぐため 076
- ヒクイドリ　ブタ8頭か女性ひとり分の価値 077
- フィリピンワシ　夫婦の絆が強い鳥 078
- フクロウ　忍者のように音もなく獲物に近づく 079
- ヘビクイワシ　ヘビを常食にする鳥 080
- ペリカン　クチバシののど袋で10リットルの水を溜める 081

魚（さかな）

- アンコウ　オスがメスの体の一部になる　084
- イカ　分身の術を使う「海の忍者」　085
- ウグイ　酢の中で泳ぐことができる魚　086
- オニボウズギス　自分の体より大きな胃袋を持つ魚　087
- カクレウオ　住まいは、ナマコの腸の中　088
- カブトガニ　人命を救う「生きた化石」　089
- カンディル　地獄の使い　アマゾン川の人喰い魚　090
- コオリウオ　南極の海に生息し、氷の中でも凍らない魚　091
- シノドンティス・ムルティプンクタートゥス　鳥のように托卵をするナマズ　092
- タツノオトシゴ　オスが出産から育児までを担う　093
- タラバガニ　カニの王様は、実はヤドカリの仲間　094
- デンキウナギ　800ボルトの放電で、ウマが溺れ死ぬことも　095
- ノコギリエイ　魔物と形容されるエイ　096
- マンボウ　一度に3億個産卵するも、成魚になるのは30匹　097

小動物・昆虫ほか

アメンボ　水の上をスイスイと泳ぐ軽業師 100

ウオジラミ　クジラの巨体に寄生する 101

オオカバマダラ　3000キロメートルの渡りをする毒チョウ 102

カエル　口から胃袋を吐き出して洗う 103

カタツムリ　生殖活動の後、どちらも妊娠する 104

カバキコマチグモ　母グモは自らの体を子どものエサに…… 105

カマキリ　交尾の最中にメスに食べられてしまうオス 106

カメレオン　獲物を発見し舌を届かせるまで16分の1秒 107

キイロショウジョウバエ　決して酔いつぶれない酒豪 108

ギフチョウ　オスがメスに貞操帯を付ける 109

ゴマシジミ　アリの巣の中で育つ 110

コモリガエル　背中に卵を押し込み、成長するまで背中で育てる 111

シラミダニ　子育て不要、出産したときにはすでに大人 112

十七年ゼミ　17年も土の中にいるセミ 113

- スズメバチ 小さな殺し屋、そして危険な殺し屋 114
- セキユバエ 原油の中でも生きていける奇妙なハエ 115
- テントウムシ 親子ともども死んだフリ 116
- トンボ 力を合わせて産卵 117
- ネムリユスリカ 死んだ状態の虫が、水に入れると生き返る 118
- ハキリアリ 保存食としてキノコを栽培する 119
- ベッコウバチ 捕まったクモには生き地獄が待っている 120
- ホタル 結婚詐欺を働く種のメスがいる 121
- ミツツボアリ 仲間の体を食料貯蔵庫にするアリ 122
- ミツバチ オスは、勝っても負けても死すのみ 123
- ミノムシ オスもメスも子孫を残すためだけに成虫する 124
- レッドファイアーアント 毎年100人以上をあの世に送る殺人アリ 125

動物(どうぶつ)

木の中に潜む幼虫の微かな音を聞き出す地獄耳
アイアイ

| 特徴 | マダガスカル北東部に生息し、体長は 36～44cm、体重は 2～3kg |

アフリカ大陸の東側に浮かぶマダガスカル島は、約1億年前にアフリカ大陸から分離したといわれている島で、独自の進化を遂げた動植物が数多く生息しています。中でも絶滅の危機にあるアイアイは1780年に、フランスの探検隊が発見し、学会に発表された珍獣の中の珍獣です。サルの仲間でありながらコウモリのような耳、リスのような歯、針金のような指、まん丸い目、体と同じくらい長い尾。この奇妙な容姿から、現地の人は「アイアイに指を指されると死ぬ」といい伝え、忌み嫌っています。

さて、アイアイは、昆虫の幼虫を好んで食べますが、耳でエサを探すという特技を持っています。夜行性のアイアイは、夜になると木のうろや枝の茂みの中につくった巣から出て、木の枝から枝へとゆっくり歩き回り、木に穴を開けて、中に潜む昆虫の幼虫が木質を食べている音を聞き出します。そして細長い中指と薬指を穴の中に入れて幼虫を取り出して食べるのです。

厳しい冬を乗り切る、冬眠の謎が解明
アメリカクロクマ

| 特徴 | 北アメリカに生息し、体長は 1.5 〜 1.8m、体重は 90 〜 270kg |

日本でなじみのあるツキノワグマや、北海道に生息するエゾヒグマは、厳しい冬を乗り切るために、秋になると、ドングリや魚などのエサをたくさん食べて体重を増やし、洞穴などで冬眠に入ります。さて、アメリカクロクマの冬眠については、平成23年2月18日付の読売新聞が、ワシントン発の記事として「冬眠中のアメリカクロクマの心拍数は最小で毎分9回まで減少し、極限まで生命活動が抑えられている」と、米アラスカ大学などの研究チームが解明したと伝えました。記事によると、クマの心拍数は、通常の毎分55回から最小で9回まで減り、拍動の間隔は20秒に及ぶこともあったそうです。

クマが代謝のスイッチを、入れたり切ったりする仕組みが解明されれば、やがて人間にも、重傷者を救急車で病院に運ぶまで冬眠状態にすることで救命率を上げたり、太った人の減量に役立てるなど、多方面へ応用できそうなので、期待したいです。

主食のネズミは、血を吸い脳を食べるだけでポイ
イタチ

| 特徴 | ヨーロッパ、アジア、アフリカ、南北アメリカ大陸の亜熱帯から寒帯まで広く生息 |

通常、動物界では、一夫一婦のものは、オスとメスの体の大きさがほぼ同じで、一夫多妻のものはオスのほうが体が大きいものです。一夫多妻のイタチ類も例外ではありませんが、その差が極端なことで知られています。たとえば日本に広く生息するニホンイタチではメスはオスの3分の1、形態や生態のよく似た近縁のチョウセンイタチでも2分の1と、同じ種とは思えないほどです。

イタチは、体が小さいのに力が強く、獰猛で、敏速。マムシを襲い嚙み殺したり、自分よりも大きなニワトリやウサギなども捕食します。このほかスズメなどの小鳥やコオロギ、バッタ、トンボなどの昆虫も食べますが、いちばんの主食はネズミです。イタチはネズミを殺しても肉は食べず、血を吸い脳を食べる程度でまた次のネズミを襲うので、最も大量にネズミを殺します。しかも体が細いのでどこまでもネズミを追いかけることができる最強の天敵なのです。

イッカククジラ

謎の牙を持つクジラ

| 特徴 | 北極圏に生息し、体長は約5m、体重は約1.5t |

イッカククジラの牙は、「旧約聖書」にも登場するユニコーンのルーツともいわれています。

そのユニコーンの角は、あらゆる毒物を見分ける上に、解毒する魔法の力も持っていたと伝えられていますが、イッカククジラの牙もまた、中国では漢方薬の解毒剤などとして粉末で売られています。牙の長さは3メートル近く、大きいもので10キログラム近くの重さがあり、円錐形で渦を巻いた象牙質をしていたことから、一説には「一角獣（ユニコーン）の角」だといって、皇帝や王様への贈りものとされ、金や宝石などと交換されていたとも伝えられます。

この牙は、イッカククジラの左の切歯が伸びたもので、オスだけに見られます。約5メートルの体に、体長の半分以上というアンバランスな牙を、なぜオスだけが持っているのか、今も謎だらけで明確な答えはありません。メスを獲得する戦いや、家族を守るために強い大きな牙を使っているのでは、と考えられています。

カタツムリが主食で、特殊に進化した口を持つ
イワサキセダカヘビ

特徴 沖縄の石垣島・西表島に分布し、体長は 55〜65cm

日本で生息するヘビは、39種が確認されています。ヘビは、生きた獲物を捕らえるために進化した生物で、その食性も生息環境によって違っています。日本でよく知られているアオダイショウはネズミなどの小さな哺乳類や鳥、ヤマカガシはカエル、アオヘビ類などはミミズを好むといったようにさまざまです。また、海の中に生息するウミヘビは、魚を捕らえて食べます。

このようなヘビの中で、最も変わった食性を持つヘビが、カタツムリだけを主食にするイワサキセダカヘビです。日本に生息するこのヘビは、沖縄県石垣島の中央気象台（現、気象庁）の明治から大正にかけての石垣島測候所所長の任にあった岩崎卓爾氏が捕らえて命名しました。口の中が特殊な構造になっていて、上顎の歯が短く、先端部分には歯がない上、下顎の歯は左右が非対称でフォークの先のように長くなっています。この口でカタツムリの軟体部をくわえ、殻から引き出して食べています。

乳を3回与えるだけで、子育て終了
ウサギ

| 特徴 | 欧米、オーストラリア、ニュージーランドなど世界中に広く生息し、体長は約40cm |

とても愛くるしく、つぶらな瞳で人気ものウサギですが、野生のウサギは、意外と無責任で放任主義的な子育てをします。

野生のウサギのメスは、妊娠期間が約40日ほどで、土の中に掘った穴の中に、2〜6匹の子どもを産みます。子どものために1度、乳を飲ませると、母親は出かけてしまいます。野生の子ウサギは、初めから目が開き、毛も生えているので、空腹になると歩き始めます。2〜3日すると、母親が帰ってきて、2度目の乳を与え、また出かけてしまいます。それから2〜3日すると、またもや母親が帰ってきて、3度目の乳を与えます。これで母親の役目は終了し、子どもたちは、ひとり立ちします。この間、父親は子どもたちには一切おかまいなし。実は、母親が与える乳は、栄養価が高く、脂肪も多く、胃の中で固まって3〜4日がかりで、少しずつ消化されていきます。そのため、生まれたばかりの子どもは、放っておかれても平気なのです。

胃の中に、いくら食べても減らない栄養源を持つ
ウシ

| 特徴 | 世界中で飼育され、肉食用のウシは、体重が700kgに及ぶ |

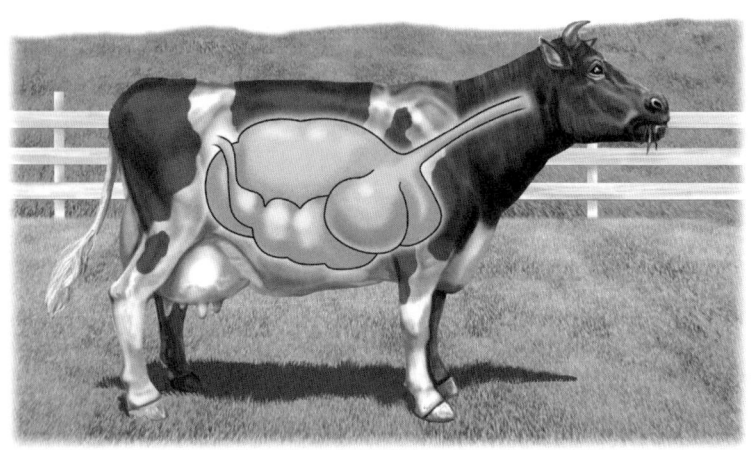

いくら消化しても減らない栄養源を、体内に持っている動物がいたら、すごいと思いますよね。実はいます。こんな便利な栄養源を持つ動物、それがウシです。ウシは、4つの胃を持っています。食べた草をいったんためておく第1の胃、第1の胃から送られてきた食物を口に送り戻す働きがある第2の胃、第2の胃から送り戻された食物を咀嚼し、再び飲み込んだ食物からミネラルを吸収する第3の胃、そして通常の消化吸収の働きをする第4の胃。このうち第1の胃に生息する微生物のプロトゾアは、いったんウシが第1の胃に保管した草をせっせと食べることで、食物繊維を分解し、栄養を吸収しやすくします。プロトゾアの働きはこれだけではありません。プロトゾア自身が栄養素をたっぷり含んでいるので、ウシは、草と一緒にプロトゾアも食べてしまいます。ただ、プロトゾアはすさまじい勢いで増えるので、いくら食べても減らないのです。

食べ過ぎないことで食糧確保
オオアリクイ

| 特徴 | 中南米の熱帯雨林やサバンナに生息し、大きいもので体長は1.2m、体重は40kgに及ぶ |

動物

オオアリクイのエサは、アリ塚で生活するシロアリです。シロアリは、2億年近い年月をかけて複雑な社会を構築した生き物で、シロアリがつくるアリ塚は、人間以外がつくる最大の建造物といわれています。

オオアリクイは、視力がとても弱く、その代わりとても敏感な長い鼻を持っています。まず、オオアリクイは、嗅覚の優れた鼻でアリ塚を見つけます。そして前肢の鋭い鉤爪で、アリ塚の壁の一部を器用に剥がし、穴を開けます。次に長い鼻を突っ込んで、先についた口から約60センチの細長い舌を出して、シロアリをからめ取って食べます。ある程度食事を済ますと、まだたくさんのシロアリがいても、オオアリクイは次のアリ塚に向かいます。一方、シロアリは、アリ塚の穴を一晩で修復。翌日には元通りになっています。こうしてオオアリクイは、アリ塚を一気に破壊し、シロアリを食い尽くすのではなく、少しずつ食べ、豊富な食糧を維持しているのです。

首が短いキリンの祖先
オカピ

| 特徴 | 中央アフリカのコンゴ民主共和国に生息し、体長は1.9〜2.5m、体重は200〜250kg |

20世紀になってアフリカのコンゴ民主共和国北部のイツリの森で発見された新種の動物オカピ。茶色い体に、お尻と四肢のみ縞模様が入った姿から、当初はシマウマの仲間だと思われていました。しかし、その後、首の後ろにキリンにしかない「ワンダーネット」という血圧を調整するための血管構造があることが発見され、キリンの仲間だということがわかりました。

キリン科の祖先、パレオトラグス類とよく似ているため、「生きた化石」ともいわれています。もともと、キリンの祖先の動物は広く森林に分布していました。その中で草原での生活に適応しながら首が長くなったのが現在のキリン、森林生活に適応し、森で生き続けたのがオカピだと考えられています。野生のオカピは、コンゴの森の奥地にしか生き残っていないとみられています。ナショナルジオグラフィックによると、2008年に初めて野生の状態のオカピが撮影され、現存していることが証明されました。

血の色の汗を流す暑がり屋
カバ

| 特徴 | アフリカにのみ生息し、体長は 3.5〜4m、体重は 1.2〜2.6t |

生まれたての赤ちゃんでさえ45キログラムもあるカバ。日中は、15〜30頭で群れをなし、河川や湖の水中や陸上で休み、夜は草を食べて生活しています。カバの体は自動車のタイヤのように触ると硬くてゴワゴワしていますが、皮膚には弾力があり、温かさがあります。太陽が照りつける暑い日中は、よく水の中に入っていますが、これには訳があります。なぜなら水に入っていないとすぐに皮膚が乾燥してバリバリになり、傷つきやすく、病気にかかりやすくなってしまうからです。暑がりのカバは、血の色をした汗を流します。これは、カバの汗には体液中の色素を含んだ汗が、血の色に見えるのです。ヘモグロビンが多く含まれているため、長時間、水中で過ごすカバの体を覆う皮膚は、とても厚く、背中から胸にかけて40センチメートル、最も薄いお腹まわりでも17センチメートルもあります。このように皮膚がとても厚いので、真冬でも平気で水遊びができるのです。

使い果たすと、毒の補充に2カ月かかる
ガラガラヘビ

| 特徴 | 南北アメリカに生息し、最大種はヒガシダイヤガラガラヘビで全長2.4m |

ガラガラヘビは、自分のテリトリーに入った侵入者に対して、不意に襲うことはしません。尾の先端を激しく振って警告音を発し、自分の存在を相手に知らせて、無益な戦いを避けるのです。尾の先端で音を発しているのは、普通のヘビは脱皮のときに尾の先端に残った鱗を繰り返すたびにそのまま残った鱗です。脱皮を繰り返すたびにそのまま残った鱗です。ガラガラヘビは2回目の脱皮以降は、尾の先端の鱗だけが残り、新しく生じた鱗と連結していきます。硬くて分厚いこの鱗をものすごいスピードで左右にふるわせ音を出します。

実は、ガラガラヘビの最大の武器である毒は、獲物を襲い、使い果たしてしまうと、もとの状態まで毒を補充するのに2カ月近くかかります。

それゆえ、不用意に無益な戦いを行って、大切な毒を消費してしまうと、補充している間に敵に命を狙われる危険が高まるため、警告音を発するなどして無益な戦いを避け、なるべく毒を使わずに済むようにしているのです。

超高血圧！
キリン

| 特徴 | アフリカ中部以南に生息し、体長は5.5m、体重は1t |

キリンは体高約5.5メートルと現存する動物の中で最も背が高いのですが、胴体は全体の大きさに比べるととても小さく、逆に首と四肢は長いという、アンバランスな体型をしています。キリンのこのスタイルは、けっして合理的とはいえません。なぜなら、長い首の上にある頭に、心臓から血液を押し上げるのが、とても大変だからです。そのため、キリンの血圧はなんと、300mmHg（ミリメートルエイチジー）もあるといわれています。人間の場合140mmHg以上だと高血圧といわれていますが、キリンはその2倍以上と、超高血圧なのです。また、キリンは水を飲むときに前肢を広げ、長い首を足元まで下げますが、この姿勢をとると、頭に血液が一気に流れ込んでしまいます。このような急激な変化に対応するため、キリンには耳の下にワンダーネットという血管構造があり、それによってうまく血液の調整ができるようになっているのです。

自分の体重の50倍近い獲物を襲う、小さな悪魔
クズリ

特徴	ヨーロッパの寒冷地帯からアメリカ北部の北極圏に生息し、全長約1m、体重は15kg

自然界は、強いものだけが生き残る弱肉強食の世界で、弱いものは怯えながら暮らしています。そんな過酷な世界の中で、強者に立ち向かうクズリという小さな猛獣がいます。

クズリは、肉食傾向の強い雑食性動物です。クマに似た姿で、黒い被毛は長く密生しており、どんな寒さでも吐く息が霧氷にならないという不思議な特性があります。また、耳はかなり鋭敏で、嗅覚も優れ、視力はあまりよくないのですが、それを補うかのように、人間の大人がふたりがかりでも動かせないような巨大な倒木も動かす力があります。深い霧の中でも大きな肢と爪を巧みに使って自由に動き、難なく木に登り、枝の上で横になります。そして、木の下を通る巨大なヘラジカの上に飛び下り、頸静脈を食いちぎります。自分の体重の50倍近い獲物を何日もかけて食べきる大食いのクズリは、オオカミやクマも怯える存在ですが、今では絶滅が心配されています。

水の上を走ることができる
グリーンバシリスク

特徴 コスタリカ、パナマ、ニカラグア、ホンジュラスに生息し、体長は60〜70cm

イグアナの一種、グリーンバシリスクは、全身が緑色に美しく輝き、しかも成体のオスは、頭や背、尾にトサカや帆（クレスト）が発達するため、日本でも人気の高い爬虫類です。

グリーンバシリスクの人気を高めているもうひとつの理由が、水上を見事に駆け抜けられること。普段は水辺の木の上にいますが、身に危険を感じると、木の上から水面にジャンプし、体を起こして2本の後ろ肢で立ち上がり、秒速約1メートルの速さで水面を走ります。

後ろ肢の指の間には、膜状の薄い鱗があり、これをめいっぱい広げて水面を打ちつけると、広がった肢と水面の間にエアポケットができます。このエアポケットが潰れる前にすばやくもう片方の肢を水面に叩きつけエアポケットをつくります。この動作を俊敏に繰り返せば、水面を走り抜けることができるというわけです。この状態で水面を4メートル以上も進むことができます。

離乳食は、お母さんのウンチ
コアラ

| 特徴 | オーストラリア東部に生息し、体長は65〜82cm、体重は4〜15kg |

コアラは、お腹に袋を持ち、その中で赤ちゃんを育てます。生まれたばかりのコアラの赤ちゃんは、体長が2・5センチメートル、体重は5・5グラム程度。人間の指の第一関節の先ぐらいの大きさで、とても小さく、体毛もなく、薄いピンク色をしています。透き通ったゼリーのようなこの小さな生き物は、自分の力で母親のお腹を這い登り、袋の中に入ります。袋の中にはオッパイが2個ついていて、約6カ月間はこのオッパイからお乳を飲んで育ちます。ある程度成長すると、子どもは袋から顔を出すようになります。袋から顔を出すと目の前はお母さんの肛門。子どもたちはこの肛門から出てくる練り歯磨き状のウンチ（パップ）を離乳食として食べるようになります。

実はこのウンチ、コアラが生きていくために必要なユーカリの葉の繊維を消化する消化酵素を含み、整腸剤や解毒剤まで入っているという「完璧なウンチ」なのです。

明るい場所ではうまく飛べない
コウモリ

特徴 世界中に生息、滑空ではなく、完全に飛行することができる唯一の哺乳類

コウモリが暗闇でも速く自由に飛ぶことができるのは、人間の耳には聞こえない超音波を出しながら飛んでいるからです。超音波が障害物にぶつかって反射する音を聞いて障害物の有無や距離感を図り、暗闇の中を飛んでいるのです。

逆に、明るい場所を飛ぶときはどうでしょう？ 2010年に発表された野生のトビイロホオヒゲコウモリの短距離飛行の実験結果によると、コウモリは、明るい場所では主に視覚を使って飛行することがわかりました。しかも、視覚に頼って飛ぶと、周囲の物にぶつかってうまく飛べなくなるというのです。過去の研究では、コウモリ数匹をテープで目隠しをして夜空に放すと、電柱や網の目のように張られた電線や木立の中を、スイスイと障害物を避けて飛ぶということがわかっています。コウモリは、視覚に頼らずとも上手に飛ぶことができるのにもかかわらず、明るい場所では視覚を使って飛び、うまく飛べなくなってしまうようです。

縞模様は、ハンターに的を絞らせないため
シマウマ

| 特徴 | アフリカに生息し、最も大型のグレービーシマウマの体長は3m、体重は350～450kg |

通常は1頭のオスと数頭のメスからなる小集団で暮らすシマウマも、ボツワナの雨期が終わりを迎える3月頃になると、何千頭もの大集団を形成し、草と水を求めて300キロメートルに及ぶ移動を始めます。シマウマの移動にともないライオンなどのハンターたちも移動します。このとき、シマウマの縞模様が効果を発揮。ハンターたちは獲物に襲いかかるとき、狙いを定めた1頭を追いかけます。しかし、シマウマを襲うとき、縞模様が混ざり合い、標的を絞れず、距離感がうまくとれないのです。しかし、縞模様の本当の理由はまだ解明されておらず、昆虫の接近を防ぐため、天然の日除け、お互いを見分ける手段といった説もあります。

シマウマは仲間意識が強く、群れが食事中や睡眠中のときは、必ず数頭が交代で見張りに立ちます。また、1頭が襲われるとその家族が駆けつけ、傷ついたシマウマを囲み、ハンターを追い払う習性を見せます。

実は肉が大好き
ジャイアントパンダ

特徴 主に中国の四川省・陝西省に生息し、全長は 1.2～1.5m、体重は 100～150kg

パンダ（ジャイアントパンダ）が、東京・上野動物園にやってきて、マスコミ各社が大きく報道し、とても話題を集めています。テレビに映されるのは、おいしそうに笹を食べながら愛嬌を振りまくシーンばかりなため、パンダは笹の葉ばかり食べてあんなに大きな体になったのか、と思っている人が多いと思います。でも、実は、中国の四川省の深い山中に生息する野生のパンダは、笹やタケノコのほかに、ウサギやタケネズミ、モグラや昆虫などを食べて大きな体を維持しているのです。

さて、日本にやってきたパンダの栄養源ですが、笹の栄養だけでは生きていけませんから、饅頭を隠れて食べているんです。それは、上野動物園特製の饅頭で、粉砕機で粗挽きにしたトウモロコシの粉をベースに、中には、ビタミンやミネラルのほか、牛乳と馬肉汁を入れてつくられています。また、食後のデザートに冬柿やリンゴ、沖縄のサトウキビを食べています。

ウサギほどのサイズしかない世界最小のシカ
ジャワマメジカ

| 特徴 | 東南アジアに生息し、体長は30〜45cm、体重は0.7〜2kg |

シカといえば、日本では天然記念物として指定されているニホンジカやニホンカモシカなどがおなじみですが、多くのシカの仲間の中には、ジャワマメジカと名づけられた、体長30〜45センチメートルほどの極小のシカがいます。このシカは、成獣でもちょっと大きめのウサギくらいで、生まれたばかりの仔ジカにいたっては、手の平に納まってしまう小ささです。

ジャワマメジカの仲間の中でも最も小さく、ジャングルの茂みの中で、ひっそりと暮らしています。

また、このシカは、犬歯が伸びた牙を持ち、昼間は樹洞の中などで、ほとんど動かず体を休めて暗くなるのを待っているのです。

ジャワマメジカは、雌雄ともに角がなく、外観はシカに似ていますが、遺伝学的にみると、ラクダの仲間に近いといわれており、反芻（食べたものを再び口に戻して、さらに噛んで飲み込むこと）動物の仲間でもあります。

032

カメよりもノロマな動きのサル
スレンダーロリス

| 特徴 | 2004年を最後に絶滅したと思われていたが、2010年にスリランカで生息が確認された |

　スレンダーロリスは、針金のように細い四肢で、まるでカメのようにゆっくりと木の上を移動します。にもかかわらず、エサにするのは主に動きの速い昆虫なのです。スローモーションのような動作で、いったいどのようにして獲物を捕まえるのでしょうか。

　その答えは、スレンダーロリスの探査能力の高さ、感覚の鋭さにあります。スレンダーロリスは夜行性で、光の増幅装置によって暗闇でも見通せる目と、わずかな匂いもキャッチする鼻を持ち、耳たぶのヒダをレーダー代わりにしてわずかな虫の動きも捉えます。また、強靭な四肢を持ち、全身を覆う毛は「触毛」という敏感なセンサーとなり、障害物にぶつかることなく、音をたてずに獲物に接近することができます。

　しかもあまりにもゆっくりと近づくので、敏感な昆虫でも気づくことができないのです。また逆に天敵が近づいてきたら、何時間もじっと微動だにせず、やり過ごすことができます。

1日15時間も食事する
ゾウ

| 特徴 | アフリカとアジアに生息し、体長は 5.5～7.5m、体重は 4～7.5t |

ゾウは、陸の上で生息する動物の中で、最も大きな動物。そして、なんといっても大きな特徴は、太くて長い鼻です。ゾウは、食べ物を取るとき、水を飲むとき、大好きな水浴びのときなど、生活のすべてで鼻を上手に使っています。この便利な鼻のおかげで巨大な体を動かさずに済み、エネルギーを節約しているのです。

しかし、鼻を使いエネルギーを節約しているとはいえ、あの大きな体を維持するためには、食べ物をたくさん食べる必要があります。

ゾウは1日15時間も食べ物を食べ続け、180～280キログラムの食糧を胃袋に入れているといわれています。睡眠時間は、昼と夜に分けて1日約5時間ほどといわれているため、目覚めているほとんどの時間は、食事の時間ということになります。ちなみにこの太くて長い鼻は、土の上に落ちているヘアピンや画鋲のような小さな物でも拾うことができ、人間の指先よりも感覚が鋭いといわれています。

毒を使う太古からの生き残り
ソレノドン

| 特徴 | キューバ、ドミニカ、ハイチに生息し、体長は 27～32cm、体重は 0.7~1kg |

3千万年前には北米に広く生息していたソレノドンは、今では極端に珍しい存在で、中南米のキューバとドミニカ、ハイチなど限られた場所にごく少数が生息するのみです。ソレノドンという名から大きな恐竜を想像しそうですが、その姿は、大柄のネズミに似て、鼻は長い円錐形、先端に2つの小さな鼻孔があり、尾は鱗で覆われ、四肢は短く、指は5本、鈍足で、足の爪は鋭く曲がっています。

さて、この希少動物の最もすごい特徴は、歯の根元に発達した毒腺です。歯の溝を伝って噛みついた相手に毒を流し込む、毒蛇のような防御構造があるのです。ただし、動きが鈍いため、マングースや人間の持ち込んだ犬や猫によって殺され、年々その数を減らしています。繁殖力も低く、1回の出産で1～2頭しか産まない上に、乳離れも遅く、外出時は、乳首に口でぶら下がって移動するという状態では、すぐにマングースの餌食になってしまいます。

悪魔の名を持つ
タスマニアデビル

| 特徴 | オーストラリアのタスマニア島に生息し、体長60〜80cm、体重は5〜12kg |

タスマニアデビルは、ツキノワグマを小さくしたような姿で、黒い毛で覆われ、首の下に白い模様があります。頭と口が大きく、骨も噛み砕く強い顎を持ち、上顎部の2本の牙は一生涯伸び続けます。日中は、巣穴の中か植物の生い茂る中に潜み、夜になるとエサを求めて唸り声を上げながら徘徊します。また、夫婦になっても2週間ほど交尾せず、この間、オスはメスを巣穴に監禁。交尾が終わると、今度は逆に、メスが唸り声を上げてオスを巣穴から追放するという変わった習性を持ちます。メスは子どもを産むと、お腹の袋の中でやさしく育てます。

悪魔の名を冠する動物ですが、今、顔面腫瘍性疾患という死性の伝染病が広がっており、絶滅の危機にさらされています。この病気は、すでに感染しているタスマニアデビルが仲間に噛みつくことで伝染し、顔面に腫瘍ができてエサが食べられなくなり、餓死してしまう病気。動物保護官が現在、保護に当たっています。

大きく、高い、滑稽な鼻を持つ
テングザル

| 特徴 | インドネシア、マレーシアに生息し、体長約65〜77cm、オスの鼻の長さは8〜10cm |

ボルネオの森には、多くの動物が生息し、とりわけオランウータンをはじめとした、たくさんの猿たちが棲んでいます。そして、哄笑をさそう顔をしたテングザルが、川の近くで優雅に生活しています。テング（天狗）といえば、日本では大きく滑稽な高い鼻を持ち、顔が真っ赤で森の中を高下駄を履いて木から木へと飛び歩く伝説上の生き物として知られています。

テングザルは、とても大きな鼻を持ち、木の新芽や若葉や果実のほか、バッタなどの昆虫を食べて生活しています。彼等は一日の大半を川のほとりや木の枝に座って、日向ぼっこをして静かに過ごします。仲間たちとの争いもなく、口にした植物を丁寧に食べ、ゆっくりと噛んでから飲み込みます。グループの中でも、大きな鼻をした年老いたオスは、ときに鼻にかかった叫び声を上げます。これは仲間に存在感を示すためと思われているのですが、不思議な存在といわれています。正確な研究データが少なく、不思議な存在といわれています。

不名誉な名をつけられたが、実は木登り上手
ナマケグマ

特徴 インド、スリランカ、ネパール、バングラデシュ、ブータンに生息し、体長は 1.5 〜 1.9m

古くから中国などで生薬として珍重されてきた熊の胆のう（漢方薬）は、腹痛薬や強壮剤として高価な取り引きができることから密猟乱獲が絶えず、ナマケグマもこの対象となってきました。加えて、森林破壊と主食としているシロアリの減少などが生息数の減少に拍車をかけ、現在絶滅の危機に瀕しています。

ナマケグマの名は、木にぶら下がってほとんど動かない様子が、南米に生息するナマケモノに似ていることからつけられた名前。

この不名誉な名をつけられたナマケグマですが、実は、熱帯雨林のジャングルの中に棲んでいるだけに木登り上手で、猿のように、長い鉤爪で木の枝にぶら下がって、木から木に腕渡りをします。また、陸上でも、全力疾走すれば人間よりも速く走ることができます。主食のとり方は、鼻孔を閉じて、ぶ厚くたるんだ唇を筒型に丸めながら、シロアリをストローで吸うように食べます。

意外や、水泳の名人
ナマケモノ

| 特徴 | 南アメリカ、中央アメリカの熱帯林に生息し、生涯のほとんどを木の上で過ごす |

ナマケモノは、奇妙なことに歯がありません。また四足獣で地面の上を歩き回る動物のはずなのに、四肢を木の枝にU字型にかけて、じっとぶら下がって動きません。体が木の幹の色に似ていることから、木の上でじっとして動かないと枯れ葉の固まりのように見え、天敵から身を守ることができるといわれています。長い雨期が続くと、木の枝にぶら下がっているナマケモノの背中の褐色の長毛は、背中をつたって落ちる雨で、苔がついて、見事に青くなります。

すべてにのんびりしており、糞や尿を出すのも1週間に1回程度、地上に下りて用を足します。

さて、このナマケモノは、しばしば川の水辺に張り出している木の枝にぶら下がっていますが、枝が折れるなどして水の中に墜落することがあります。動きの遅い動物ですから、そのまま溺死してしまいそうなものですが、これがなんと水泳の名人。犬かきではなく平泳ぎで、体を大きく伸ばして悠々と泳ぎます。

1対から年間7000匹以上を繁殖

ネズミ

| 特徴 | 世界中に生息し、その種類は1000種以上に及ぶ |

哺乳類の中で最も栄えているのはネズミです。ネズミのほとんどが夜行性で、人間が寝ている間に家の食料を食べるので、「寝盗み」が転じてネズミと呼ばれるようになったといわれています。現在世界にはネズミ科に属するものだけで1765種にのぼるとされています。

その驚異的な繁殖力は「ねずみ算」としてよく知られています。通常のネズミは1年に6〜7回、それぞれ6〜7匹、多いときは20匹近くの子を産みます。しかも生まれたばかりの子ネズミは、生後2カ月半から3カ月で子どもを産める親の体になります。これを計算すると、1対の親を端緒に1年間で7706匹の新しい命が誕生することになります。ただ、かわいそうなのは、ネズミの門歯は一生伸び続けるため、常に硬いものを齧り、前歯をすり減らさなければならないことです。そのまま放置しておくと、前歯が伸びて口をふさぎ、食べ物が口に入らなくなり、餓死してしまいます。

発達した歯と顎で、ひたすら穴掘りに明け暮れる
ハダカデバネズミ

特徴 ケニア・エチオピアの東部に生息し、体長8〜9cm、体重40〜80g

地中で、穴掘りという目的のために、目や耳を退化させて、着ている毛皮も捨て、丸裸になったハダカデバネズミ。最も発達しているのが、歯と顎です。ひたすら地中で穴掘りに明け暮れ、総延長が3キロメートル近くにも及ぶ見事なトンネルを築きながら、食糧の木の根や球根、イモを探し、仲間と仲良く暮らしています。

ハダカデバネズミは、哺乳類なのに、シロアリの社会のように、女王だけが、数頭のオスと繁殖を行って出産をします。ほかの集団の働き手たちは、養育係、食料係、トンネル作業員、防衛ガードマン、清掃などの雑役係がいて、組織の体制を守り、女王中心の社会をつくっています。真社会性という奇妙な社会構造とその生態で、通常70〜80頭前後、最大で300頭近くという巨大な群れをつくって集団生活をしているのです。女王が、集団の存続を握っているという点からすると、人間の王よりも絶対的な支配力を持っているのかもしれません。

母親の前で先代のボスの子どもを噛み殺す
ハヌマンラングール

| 特徴 | インド、スリランカ、パキスタン、バングラデシュ、中国、ネパールに生息 |

ハヌマンラングールは、サルの仲間で、インドでは神として大切に扱われています。ハヌマンラングールの母親たちは、20～40頭ほどの群れにいる子どもたちの面倒をよくみます。しかも、自分の子どもだけでなくほかの親の子どもにまで授乳するなどして、協力して子育てを行います。このような群れには、1頭ないし複数のオスがいて、たびたびほかの群れのオスと争います。そして、その争いに敗れると、争いに勝利したオスが、すぐにその群れのボスに入れ替わってしまいます。

群れをのっとり新しいボスとなったオスが最初に起こす行動は、なんと先代のオスとの間に産まれた子どもたちを、母親の見ている前ですべて噛み殺してしまうことです。母親たちが協力して子育てをするのは、子どもたちの成長を少しでも早く促し、自立させることで、オスの争いの犠牲にならないようにするためだといわれています。

上質で高価な「神の毛」を持つ
ビクーニャ

| 特徴 | 南アメリカのアンデス地方に生息し、体長は 1.3 〜 1.6m、体重は 30 〜 65kg |

ビクーニャはラクダの仲間で、ビクーニャを家畜化したものがアルパカだという説もあります。かつては200万頭ほどいましたが、人間の乱獲で20世紀後半には1万頭にまで減少、絶滅も危惧されました。しかしその後、保護意識が高まり、現在は10万頭にまで持ち直しました。

ビクーニャの毛は、太さが1ミリメートルの100分の1と極めて細く、羊毛の3分の1、人間の毛の10分の1しかありません。そんな細い毛で高山での寒さや強い紫外線を防ぐのですから、軽くて保温性が高く大変上質です。その上、家畜化ができず、野生のビクーニャを生け捕りにし、毛を刈った後、また放すという手の込んだ作業が必要なため、極めて稀少なのです。インカ帝国時代には「神の毛」と呼ばれ、その毛で織った服は、皇帝しか着ることが許されませんでした。現在もマフラー30万円、セーター100万円、毛布300万円、コート600万円もするそうです。

赤ん坊から成獣までの体重差が約1000倍
ヒグマ

| 特徴 | ヨーロッパ、アジア、北アメリカに生息し、体長は1.5〜2.5m、体重は250〜500kg |

　ヒグマは、日本に棲む陸上動物の中で最も大きく、体長は1.5〜2.5メートル、体重は250キログラムから最大500キログラムほどもあります。日本では北海道のみに生息し、しばしば人間を襲います。動物学者の遠藤公男氏、今泉吉典氏らによると、ヒグマはテントに避難しても中まで押し入ってくるし、火を焚き、食器を鳴らし、大声を出しても平気で接近してくるのだそうです。とくに平成になってからは、ヒグマの生息地である深山に開発の手が伸びたため、人里に下りて来るヒグマの数が増え、被害が増加しています。

　そんな恐ろしいヒグマも、生まれたての赤ちゃんは、両手に乗るほどの小ささなのです。体重約400グラムで生まれた可愛らしい赤ちゃんが、1年で約25キログラムに、そして4年も経つとおよそ400キログラムにまで成長します。その体重差は、なんと約1000倍というから驚きです。

子育て上手なシングルマザー
ヒョウ

特徴 アフリカのサバンナや熱帯雨林に生息し、体長は1〜1.9m、体重は30〜70kg

　ヒョウは、大型のネコ科の猛獣です。性格は内気で用心深く、身を隠すのが得意。すばしっこく、木登りが上手な上、強い顎を持ち、シカやレイヨンなどの大きな動物でも樹上に引っ張り上げます。群れをつくらず単独で生活する習性を持ち、父親は子育てをしません。そのため母親は1頭だけの狩りで獲物を倒して子育てをしなければならず大変です。しかも常にリカオンやジャッカルなど、子どもを狙う外敵との戦いも待っています。ヒョウの母親は、子どもたちが乳離れしない頃からサバイバルの経験をさせます。どのように木に登り、いかに敵に気づかれずに接近するか、どのようにして獲物を仕留めるか……。お手本を見せながらサバンナで生き抜くための知恵を教えるのです。また、子どもたちに、狩りに出た後の身の守り方も覚えさせます。母親が不在の間、子どもたちは、母親が選んだ安全な草むらの中にじっと身を潜め、ひたすら母親の帰りを待っているのです。

自分専用の乳首で母乳を飲む
ブタ

| 特徴 | 世界中で飼育され、日本でも弥生時代にすでにブタの食用が始まっていたとされる |

ブタは、イノシシ科の動物で、イノシシを家畜化したものです。ブタが家畜として飼われるようになったのは、今から8000年以上も前のこととされています。食べ物は土中の虫や植物の根、球根で、硬い鼻先で掘り返して食べます。また背筋がとても強く、丈の高い動物を敵とみなすと、突進して四肢の間に頭部を差し込み、持ち上げながら強くひねって飛ばします。

これを「しゃくり」といい、人間でも数メートル飛ばされ、命を落とすこともあります。太っている人のことを「ブタ」と言ってからかうことがありますが、ブタの体の大半は筋肉で、脂肪ではありません。さて、ブタは多産で、安産です。

母親の乳首に夢中になって吸い付く子ブタたちの映像を見たことがある方も多いでしょう。これ、実は誰がどの乳首を吸うのか自分たちで決めています。母乳の出やすい乳首とそうでない乳首があり、子ブタの優劣によって自動的に吸う乳首が決まってしまうのです。

チーターよりも速い最速動物
プロングホーン

| 特徴 | アメリカ西部、カナダ南西部、メキシコ北部に生息、体長は1〜1.5m、体重は35〜60kg |

最も速く走る動物は？ と聞かれたら、多くの人は「チーター」と答えます。実際、ケニアの原野を走るチーターを科学的に測定したところ、最高時速約90キロメートルで、とても速いことが証明されています。しかし、チーターよりも速い動物がいるのです。それが、北米の原野に棲むプロングホーンです。プロングホーンは、3.2キロメートルを平均時速97キロメートルで走り抜ける、驚異のスピードの持ち主。しかも耐久力も抜群で、平均時速57.6キロメートルで45分も走り続けたという記録もあり、オリンピックの金メダリストも真っ青です。

プロングホーンは、オスもメスも角を持ち、出産は年に1回、通常は2頭を産みます。生まれたばかりの子どもは3週間ほど、枯草の中や茂みの中などに隠れ、天敵から気づかれないようにしています。しかし、生まれて3日もすれば、ウマよりも速く走れるようになっているというから驚きです。

ヘンな形をした鼻は、高感度センサー
ホシバナモグラ

| 特徴 | 北アメリカの森林地帯に生息し、体長は約15cm前後、体重は50g |

日本には7種のモグラがいて、ゴルフ場や公園などで、ひからびて死んでいる姿を目にすることがあります。このようなことから、モグラが土の中から出て太陽に当たると死んでしまうという俗説がありますが、太陽熱で体温が上昇しすぎて死に至ることがあっても、光によって死ぬことはありません。

さて、本題のホシバナモグラですが、そのブサイクな顔には、優れた嗅覚と触覚があります。名前の由来である星形の鼻は、22本の突起（アイマー器官）から成り、この突起が高感度のセンサーの役割を持っていて、人間の手の6倍の感度で、微細な振動を瞬時に判断し、昆虫や小魚、軟体動物などを捕まえることができます。

ホシバナモグラは、モグラなのに穴掘りが苦手で、水中を泳ぎ回って魚を捕る変わったモグラです。冬の寒さが厳しい場所にいるため、生き抜くために1日に体重の25％の食事量が必要とされ、この星鼻が大活躍しているわけです。

* 048 *

繁殖に結びつかない性行為を行うのは人とボノボだけ

ボノボ

| 特徴 | コンゴに生息し、体長は70〜85cm、体重は30〜40kg |

ボノボは、人間とチンパンジーが共通祖先から分かれた後、およそ200万年ほど前にチンパンジーと分岐した類人猿とされています。コンゴ民主共和国に生息し、別名、ピグミーチンパンジーといいます。ボノボの大きな特徴は、ことあるごとに性器に触れたり、交尾を行ったりする多様な性行動です。オスとメスの間での交尾はもちろんのこと、ホカホカと呼ばれるメス同士の性器のこすりつけ行為、オス同士の尻つけ行為などが日常的に行われています。また、人間だけが行うと考えられていた正常位での性行動も行うことが発見されています。

一般的に動物の世界では、繁殖に結びつかない交尾は行わないとされており、そのような性行為を行うのは、人間とボノボだけだといわれています。この性的な行動のほとんどは、挨拶や社会的な緊張緩和の行為とする説が有力で、おかげでチンパンジーとは異なり、ボノボ同士の闘争は、ほとんど観察されていません。

2段階の酸素消費で水深2,200mまで潜水
マッコウクジラ

| 特徴 | 世界中の海に生息し、体長は12〜18m、体重は25〜50t |

クジラは約80種いるといわれ、全長30メートルにもなるシロナガスクジラから1.3メートルという小さなコシャチクジラまで、その種類はさまざまです。乱獲されたシロナガスクジラは、今もその数が回復していませんが、逆にマッコウクジラは、数も多く、世界のほとんどの海洋に広く分布し、成長したオスは全長20メートル、メスは14メートルに達します。

クジラの中で最も深く潜水できるのが、マッコウクジラです。最高で水深2200メートルという記録が残っています。マッコウクジラは、海面で潮を噴き上げ深呼吸した後、肺に新しい空気を吸い込み酸素の補給を行います。すると体内のミオグロビンが酸素と結合して、体中の組織に酸素が詰め込まれます。水中ではまずヘモグロビンの酸素を使い、これを消費すると今度はミオグロビンの酸素を使うという2段階の消費の仕方で、約40分から1時間の潜水を可能としています。

子煩悩で、浮気したメスには死のリンチを振るうオス
マントヒヒ

| 特徴 | イエメン、エチオピア、サウジアラビア、ジブチ、スーダン西部、ソマリアに生息 |

マントヒヒのオスは、成獣すると、背中から肩、ひじにかけて銀灰色のマント状の毛に覆われ、貫禄十分です。一方メスは、マント状の毛もなく、体も小さく貧相です。家族構成はオス1頭に対し、6～7頭のメスとその子どもたちによる一夫多妻の集団を形成します。もしも、オスに従っているメスが、ほかのオスの群れに近づいて浮気でもしようものなら、死に至るリンチが待っています。それほどオスは、メスを独占し、グループに君臨しているのです。

このようにメスには絶対的な力を振るうオスですが、子どもには甘い父親の顔を見せます。母親からちょっと離れた赤ちゃんを、自分のふさふさしたマントの胸にサッと抱きかかえ、一時も離そうとせず、子どもを取り返しに来た母親とトラブルが絶えません。子どもが可愛いあまりに2日も3日も離さないため、お母さんのお乳を飲まずに子どもが餓死してしまうケースもあるほど、極端に子煩悩な一面を持っています。

世界の動物の中で臭さナンバーワンの珍獣
ミズオポッサム

| 特徴 | ベネズエラからブラジルに生息、体長は約30cm |

　南米のグアテマラからブラジルの山中の川、沼の水辺に生息するミズオポッサムは、オーストラリアに多く生息する有袋類の一種です。有袋類とは、袋になった腹を持つ動物を指します。生まれてきた小さな体の子どもは、母親の袋の中に自分で入り、大きくなってひとり立ちできるまで、その中で育つのです。夜になると巣穴から出て、水の中を泳いで魚やエビ、甲殻類を捕食し、暮らしています。

　オーストラリアは、大きなカンガルーからネズミ大くらいの有袋類まで、さまざまな種が生息する、不思議大陸として知られていますが、ミズオポッサムはその中でも、これほどの強烈な臭いを自由に出せる動物はいないと思われる、臭さナンバーワンの世界的な珍獣でもあります。

　この臭いは肛門かその近くの臭腺から出すと考えられていますが、なぜこのような臭いを発するのかは解明されておらず、厳密には、ミズオポッサムについて何も知られていません。

甲羅をロックする蝶番を持つ
ミツユビハコガメ

| 特徴 | アメリカのミズーリ、アラバマ、テキサス州に生息し、体長（甲羅の長さ）は 12～18cm |

世界で２００余種にものぼるカメ族の中で、最も頭がよいとされているのが、北アメリカに生息するミツユビハコガメです。カメの研究で世界的権威のひとり、アーチー・カー博士の著書には、ミツユビハコガメにエサとしてひき肉を与えていたら、エサの時間になると冷蔵庫の前に陣取って後ろ肢で立ち上がり、空腹を訴えるようになったと記載されています。

ミツユビハコガメの甲羅には、蝶番のようなものがついていて、天敵に襲われると首や四肢や尾を甲羅の中に引っ込め、きしむような機械音を発しながら蓋を閉じ、蝶番のようなものをかけます。まるで箱のような姿です。こうなると天敵のほうも手も足も出ません。

世界の動物が絶滅寸前にまで追い込まれても、最後まで生き残ることができる動物は、動物にとっての最強の天敵・人間が食材にしない動物といわれており、カメもそのひとつに数えられています。

* 053 *

恐竜時代の生き残りといわれる、3つ目の爬虫類
ムカシトカゲ

| 特徴 | ニュージーランドに生息し、全長は61cm、体重は1kg |

ムカシトカゲは、極めて原始的な爬虫類です。トカゲと名づけられ、見た目もトカゲ類に似ていますが、実際はトカゲ類とも、またトカゲにも近縁なヘビ類ともかけ離れた、まったく異なる系統の爬虫類です。

ムカシトカゲは、恐竜時代の生き残りで、3億年前から地球上に存在したといわれています。左右の眼は別々に調整可能で、昼夜を問わず視覚を得るために、網膜が二重になっており、それぞれ視細胞も2種類を発達させています。しかも、第3の目をその頭蓋の頂点に持っています。実は、脊椎動物の先祖はみんな目が3つあったのです。ほかの生物は第3の目は退化しましたが、ムカシトカゲは、左右の眼と同様にしっかり眼窩があります。表面が薄い透明の膜で覆われているため、確認しにくいですが、かろうじて暗がりの先を見分けることができるようです。ムカシトカゲは光が嫌いで、いつも土中の穴の中で光を避けて暮らしています。

最高160mも滑空する
ムササビ

| 特徴 | 日本に生息し、頭胴長は27〜49cm、体重は0.7〜1.5kg |

哺乳類の中で空を自由に飛べるのはコウモリですが、ムササビもグライダーのように器用に空を滑空します。ムササビは夜行性で、昼間は木の洞に巣をつくり潜んでいます。そして夜になると、四肢と尾の間にある飛膜を使って、木から木へとエサを求めて滑空しながら移動します。広げた飛膜を上手に風に乗せ、長いふさふさとした尾で舵を取り、右へ左へと飛び分けます。ムササビの飛距離は、飛び始めたときの高さの2.7倍といわれています。たとえば、10メートルの高さの木から飛び立てば、27メートルも移動できることになります。

ムササビが飛び立つときは、できるだけ高い木に登り枝の先に止まります。そして木から離れる瞬間にスキーのジャンプ競技選手のごとく、長い肢で枝を勢いよく蹴り上げ飛び立ちます。ときには、横なぐりの風や突風にあおられて、地面に叩きつけられ、骨折して死んでしまうこともあるそうです。

人を温めた、体毛のない湯たんぽ犬
メキシカン・ヘアレス・ドッグ

特徴 メキシコに生息し、体高はスタンダードが45〜55cm、ミニチュアが35〜45cm

AKC（米国）公認のイヌは172種、KC（英国）公認のイヌは180種。そのうち世界に認められている日本犬は秋田犬と日本独のたった2種類です。しかし日本にはそのほかに、紀州犬、柴犬、土佐犬、日本テリア、甲斐犬、アイヌ犬、川上犬、四国犬、など18余種いるとされています。このように世界中の公認漏れのイヌを合わせると世界には400以上の種がいるといわれています。

イヌ族の中で、最も珍しい種が、メキシカン・ヘアレス・ドッグです。文字通り、頭の一部と尾の先を除いて、体毛が1本もありません。皮膚病にかかっているわけではなく、もともと裸の系統に生まれてきたのです。毛がないので体温が高いのが特徴です。ほかの犬種と同じように人間と共存しており、山岳地帯の高地に住んでいた古代インディアンの長老や婦人は、日が沈み気温が低下すると、このイヌを湯たんぽ代わりに抱いて寝たと伝えられています。

空腹が5時間続くと死に至る
モグラ

特徴 ヨーロッパ、アジア、北アメリカに生息し、体長は15cm前後、体重は100g

モグラは、地下で生活する哺乳類です。モグラの指には、地下のトンネル生活に適応した長くて丈夫な鉤爪がついています。目は、暗い穴の中では必要がないためほとんどふさがっています。しかも毛がかぶさりほとんどがふさがっています。モグラは、トンネル生活において重要となる嗅覚と聴覚に頼って生きているのです。

モグラは、ミミズや地中にいる昆虫、カガンボの幼虫、ハリガネムシ、ヨトウムシなどを食べます。大食漢で、体長が15センチメートル前後で、体重100グラムの体にもかかわらず、1日に自分の体の重さと同じくらいのエサを、土を掘りながら捕まえているのです。穴を掘り続けるのは獲物を捕らえるためですが、この重労働のためすぐにお腹がすき、また獲物を探します。このため、モグラは4時間のうち3時間は獲物をあさり、1時間は疲れて寝るといった生活です。そして獲物が見つからず空腹が続くと、たった5時間ほどで死んでしまいます。

メスは、逆立ちしながら放尿する
ヤブイヌ

特徴	南アメリカ北部に生息し、体長は55～75cm、体重は5～7kg

ヤブイヌはイヌの仲間で、現生のイヌ科では最も原始的な種と考えられています。黒褐色の短い毛で覆われ、胴体は長く、四肢、耳、しっぽは短く、ずんぐりとした体をしています。湿潤林に生息し、水辺を好みます。ヤブイヌの指の間には水かき状のものがあり、泳ぎや潜水が得意です。常に2～10頭ほどの集団で行動し、自分の体より大きなパカ、カピバラなどのネズミの仲間や大型の鳥を集団で襲います。活発に活動するのは朝と夜で、昼間は眠っていることが多いといわれています。

驚くことにヤブイヌは、後ろ向きに素早く走ることができます。外敵に出会うと、相手を睨みつけ、威嚇しながら、まるで背中に目がついているかのように素早く後ろ向きに走って、巣穴に逃げ込むのです。ヤブイヌはほかのイヌの仲間と同じように放尿によるマーキングをしますが、メスはなんと逆立ちをしながら放尿するという習性があります。

飲まず食わずで1週間は平気

ラクダ

特徴 西アジア、中央アジアに生息し、体長は2m以上、体重は最大730kg

ラクダの背中についているコブには、水ではなく、脂肪がぎっしり詰まっています。この脂肪は、とてもカロリーが高く、ほんの少量でたくさんのエネルギーを出してくれるので、ラクダは、過酷な砂漠の旅を続けることができるのです。

また、全身にぶくぶくと脂肪をつけていたのでは、動きが悪くなる上、脂肪で体に熱がこもってしまい、その熱を外に発散することができません。そこで脂肪を背中のコブにまとめて体をスリムにしているのです。

水を一度に60リットルも飲むことができます。暑い日中は熱を下げ、夜には上がるように体温を調整できる能力を備えています。汗も、放尿も少なく、水分の必要量も調整ができるという、なんとも合理的な体をしています。

このためラクダは、人間だと1日も耐えられない、あの暑い砂漠で、飲まず食わずで7日間くらいは生きていけます。

食事も睡眠も子育ても、水に浮かんだまま済ます
ラッコ

| 特徴 | アラスカ、アジア、カリフォルニアに生息する3種が知られ、体長はそれぞれ異なる |

ラッコは、イタチの仲間としては唯一、海に生息する特異な生き物です。背面を水につけて食事や睡眠、子育てまでします。その上、道具を使って上手に貝の殻を割ることもできます。

ほとんど1日中海にいて、眠るときも得意の背泳ぎの姿勢のまま、流されないように海藻の群れにくるまり、それをベッドにして眠ります。

愛嬌があって可愛いラッコは、実はとても大食漢です。1日で自分の体重のほぼ4分の1にあたるエサを食べます。成獣のラッコは、20〜50メートルもの深さまで潜ることができ、左腕の皮膚が袋状にだぶついている所に、海底で集めたムラサキガイ、カキ、ハマグリ、カニなどのエサを詰め込みます。エサがここに入りきらなくなると、今度は右側の袋にも詰め込み始めます。

不思議なことに普段は見向きもしないのに、繁殖期になると栄養豊富なウニが大好物になります。こうして貯め込んだエサを海の上で寝そべりながらゆっくりと食べるのです。

死肉を食べない、サバンナの残酷な殺し屋
リカオン

| 特徴 | アフリカのサバンナに生息し、体長は75～110cm、体重は18～36kg |

リカオンは、ハイエナに似ていますが、ハイエナのように、ライオンなどのほかの動物が残した死肉は決して食べず、さらに自分たちで倒した獲物以外は、決して口にしません。サバンナきっての残酷な殺し屋として恐れられ、ときにはライオンさえも攻撃目標とします。リカオンは、4本の足で地面を同時に蹴る跳躍方法と、恐ろしい持久力で、狙った獲物を何時間でも追いかけ続けることができます。

8～15頭の群れで、声を出し合い、協力しながら、相手が弱るまでひたすら追いかけ回すのです。そして、獲物の脇腹を噛み切り、弱ったところを数頭で飛びかかり、生きたまま食いちぎります。

リカオンがなぜ残酷な殺し屋と呼ばれるのか、それは死肉を食べないため、獲物を一撃では倒してしまわず、追いかけながら少しずつ食いちぎっていくからなのです。そして最後には、骨だけにしてしまうのです。

クルミ好きなのは、生涯伸び続ける歯を削るため
リス

| 特徴 | リスは、体重10gのアフリカコビトリスから9kgのシラガマーモットまで254種 |

リスの仲間にはシマリス、プレーリードッグ、マーモットなど254種がいて、滑空能力のあるモモンガやムササビもリスの仲間です。リスといえばクルミを食べる姿が思い浮かびます。割れ目にそって半分に割り、中身を残さず器用に食べます。リスが、クルミをとくに好むのには理由があります。実は、リスの前歯は、生きている間、ずっと伸び続けるのです。そこで、クルミのような硬い物で歯を削っているのです。

リスは、クルミを手に入れると、その場ですぐに食べず持って帰ります。そして、土の中に隠します。リスは、クルミを保存する習性があるのです。もちろんすべてを覚えているわけではなく、どこに隠したのか、いやいや隠したこと自体を忘れてしまうこともあるといいます。

しかし、それでいいのです。忘れてしまったクルミから芽が出て、育ち、将来のエサとなるからです。もしかしたらリスは、そのことまで考えてわざと忘れてしまうのかもしれません。

口の中にワナを仕掛け捕食する
ワニガメ

| 特徴 | アメリカに生息し、体長は最大で80cm、体重は113kgの記録がある |

カメは、南極を除くすべての大陸に分布し、淡水や海水に生息するもの、また陸上に生息するものがいます。また肉食、草食、雑食と、実に多様な種類がいます。カメは攻撃を受けると甲羅の中に身を隠す、無抵抗のイメージがありますが、例外もいます。それがワニガメです。ワニガメは頭が大きく、体重は100キログラムを超えるものもいます。肉食性であらゆる動物を食べます。小型のカメの甲羅も噛み砕いて食べる、強い顎を持っています。体のわりに小さな甲羅は、手足や尾は隠れても大きな頭は隠れませんが、凶暴で攻撃力があるため頭を隠す必要がないのです。ワニガメが水中で獲物を捕まえるときは、長時間、口を開けたまま獲物が口の中に入ってくるのを待ちます。実は、ワニガメの口の中にはヒラヒラしたミミズ状の突起が揺れていて、これを魚がエサだと勘違いして近づいたところを、ガブリと食べます。口の中に魚をおびき寄せるワナが隠されているのです。

こらむ

　私は、テレビのバラエティ番組にゲスト出演したり、レポーターとして登場することがありますが、先日はフジテレビのお昼の番組『笑っていいとも！』のコーナーにお邪魔させていただきました。

　ネコに関する問題で、ゲストの方から投げかけられる「はてな」にお答えするのが私の担当でしたが、お話のおもしろいタレントさんが出演する、しかも生放送の番組とあって、質問の中にはきちんと解説できないものも。そんな中から2つ抜粋して、ここで説明します。

　まず、「ネコがマタタビに興奮する理由は？」という質問。これは、ネコ科動物の性ホルモンに近い「ネペタラクトン」という物質が、マタタビにも含まれるため。しかし、性的に未熟な子猫には、効果はありません。

　次に、「ネコが喉をゴロゴロと鳴らすのは？」。これは器官と横隔膜の筋肉の共鳴による「喉の振動」という説が有力で、その目的は解明されていません。動物には不明なことがまだまだ多くあります。

鳥とり

飛びながら、食事や睡眠、交尾まで行う
アマツバメ

| 特徴 | 夏季は中国、日本、ロシア南東部、ヒマラヤ山脈、冬季は東南アジア、オセアニアに生息 |

　アマツバメは、見た目は普通のツバメに似ていますが、実はまったく違う種類です。日本では3種類が見られ、4月になると渡来してきて、9月から11月中旬になると去って行く渡り鳥です。

　アマツバメの翼は、体のわりに長く、この翼を使った飛行技術は超一流で、スピードでは、どんな鳥にも負けません。飛ぶために最適な体のつくりになっているためか、日中のほとんどを空中で過ごしています。

　空中で飛びながら、飛んでいる昆虫をつかまえたり、巣の材料を集めたりします。睡眠や交尾（一部）も空中で行うことが知られています。

　日中は空中で過ごすアマツバメのほとんどは、夜になると、高い山や海岸のきり立った断崖に爪をひっかけ、体を縦にして休みます。

　武器といえば素早く飛べる翼しかありませんが、天敵の近づきにくいこのような垂直な場所をすみかにして、身を守っています。

人間と戦争をしたことがある
エミュー

特徴　オーストラリアに生息し、体長は1.5〜1.8m、体重は60kg

オーストラリア大陸最大の鳥類であるエミューはなかなかのグルメで、主食は植物ですが、種子や果実、花や若芽といった栄養豊富な部分を好んで食べるほか昆虫や小動物も食べます。また、毎日、真水を飲まないと生きていけません。広大な乾燥地帯が広がるオーストラリア大陸では、栄養価の高い食物や水を探すのは大変です。エサを求めて、ときには数万羽ものエミューが何百キロメートルも移動します。もし、その移動コースに人間が拓いた畑があれば、その被害は甚大です。1930年代、エミューによって麦畑を荒らされた農民が、エミュー退治のために軍隊の出動を要請した「エミュー戦争」と呼ばれる事件が発生したほどなのです。軍隊の作戦はたいした効果を上げることができませんでしたが、その後1945年から25年間で、農民によって殺されたエミューは28万羽、殺された雛や卵の数は100万にも及んだといわれています。

よその鳥の巣に卵を産みつけ、子育てさせる
カッコウ

| 特徴 | ユーラシア大陸とアフリカに生息し、体長は35cm、体重は70～130g |

　カッコウは5月頃、南の国から日本に渡ってきます。ちょうどこの時期は、いろいろな小鳥の繁殖期にあたり、小鳥たちは巣づくりに励んでいます。巣づくりが終わると産卵が始まります。メスのカッコウは、高い木の上からその一部始終を見ていて、親鳥が巣を離れたわずかな隙を狙って巣に飛び込みます。巣に入り込んだカッコウは、宿主の卵を1個くわえて飲み込むと同時に、自分の卵を1個産みつけます。そして、何も知らない宿主は、ほとんどの場合、自分の卵と一緒にカッコウの卵も温め始めるのです。

　実は、カッコウの雛は、ほかの小鳥より少し早く孵化します。カッコウの雛は孵化すると巣の中にある宿主の卵を1個ずつ背中に乗せ、巣の壁にそってせり上げ、外に押し出してしまいます。そうすれば宿主からもらうエサを独占できるからです。カッコウは、親も親なら、子も子。恐るべき本能を発揮した繁殖力なのです。

* 068 *

ほぼ地球一周に及ぶ長旅
キョクアジサシ

| 特徴 | 1年のうちに北極圏と南極圏の間を往き来し、体長は35cm |

渡り鳥とは、食べ物や気候の変化によって、生まれ育った土地から、条件のよいほかの土地へ移動する鳥のこと。世界中の鳥の3分の1近くが、ある程度の渡りをしているといわれています。ただ、渡りは、鳥にとって最も危険な冒険旅行でもあります。旅の途中で嵐や霧に遭遇することがあるので、鳥は天候を予知することができないので、1年のうち何億もの鳥が渡りの途中で命を落とします。霧によって飛ぶ方向を狂わされ、灯台などの高い建物に衝突する鳥が、一晩に1カ所で5万羽いたという記録も残っています。さて、この渡りの長距離飛行ナンバーワンが、カモメの仲間のキョクアジサシです。地球の極地から反対側の極地へと渡り、また戻ってきます。その距離は3万5千キロメートルを超えます。地球一周が4万キロメートルなので、ほぼ地球一周にあたります。キョクアジサシは、あの小さな体からは想像もできないほどの長距離を正確に渡っているのです。

オスは卵を肢の上に乗せて温める
コウテイペンギン

| 特徴 | 南極に生息し、体長は1〜1.3m、体重は20〜45kg |

　コウテイペンギンは、体高は約120センチメートル、体重は35キログラム前後まで大きくなり、ペンギンの仲間の中では最も貫禄があります。しかし、ペンギンの中では幼鳥の死亡率が特に高く、85％の雛が死んでゆくといわれます。それは、南極という平均気温摂氏マイナス20度という極寒の中で生活しているからです。この寒さを耐え凌ぐため、コウテイペンギンは、1平方メートルに10羽くらいの密集度で、成鳥したペンギンや雛が寄り集まり、5000羽にも及ぶ大きな群れをつくります。そして、体を寄せ合い活動を最小限に留めることで、それぞれの体の熱が損失しないようにしているのです。

　またコウテイペンギンは、自分のお腹の袋状のヒダで覆って移動し、子孫を守ります。コウテイペンギンのオスは、卵を2カ月以上も抱き続け、その間は食事を摂らないので、雛が誕生する頃には体重が半減してしまいます。

九官鳥やオウムを凌ぐモノマネ名人
コトドリ

| 特徴 | オーストラリアに生息し、全長は80〜100cm、そのうち尾の長さが約60cm |

　オーストラリア南東部とタスマニア島の森林に生息するコトドリは、オーストラリアでは国鳥にも指定され、切手やコインにも図案化されています。コトドリのオスは、世界一モノマネが上手といわれており、ほかの鳥の鳴き声をマネるだけでなく、犬などの動物の声や人工的な物音もマネることができます。モノマネのレパートリーは、カワセミやインコ、カラスなどのほかに人間の声、自動車のエンジン音、斧の音、汽車の警笛、ピアノやバイオリン曲の数節など多岐にわたります。これは、メスを惹き付ける求愛行動のひとつで、モノマネのレパートリーが多いほど、求愛の勝利が近づくのです。

　ある日、森の製材所で働く労働者の間で事故の合図にしていた警笛の音が、いきなり森中に鳴り響きました。しかし、皆があわてて製材所にかけつけたところ、何事も起きていません。実は犯人は警笛のマネをしたコトドリだったそうです。

桜の蜜が好物に
スズメ

| 特徴 | ユーラシア大陸の広い範囲に生息し、全長は約 15cm ほど |

人の暮らすところには必ず生息するとされるスズメは、私たち日本人にとっても、とても身近な鳥といえます。スズメは民家に近い場所で繁殖し、人家の屋根や壁の隙間などに巣をつくります。雑食性で農作物や雑草の種子などのほか蝶やバッタ、クモなども食べます。

ここ数年、桜の季節になると見られるようになったのが、ヒラヒラと舞う桜の花びらに交じってポトポトと地面に落ちる桜の花です。実はこれはスズメの仕業だったのです。メジロやヒヨドリなどは桜の花の正面にくちばしを差し込んで蜜を吸うのですが、スズメはくちばしが太くて短いために、花の根元から食いちぎって蜜を吸うしかありません。そこでスズメは、桜の蜜を吸うために、花を根元からちぎり、次々と地面に落としていたのです。これは、空き地などが減り、エサが少なくなったことから、ほかの鳥をマネて桜の蜜を吸うことを覚えたスズメが増えたためではないかといわれています。

卵の大きさは、ニワトリの卵の25個分
ダチョウ

| 特徴 | アフリカに生息し、体長は2.3m、体重は130kg |

現在、生息している世界で最も大きい鳥はダチョウです。その体重は約130キログラム前後で、体長は2・3メートルほどもあります。卵の直径はおよそ20センチメートルで重さは約1・5キログラム。ニワトリの卵の約25個分もあり、オムライスなら10人前ほどつくることができます。殻は約2ミリメートルもの厚みがあり、人が乗っても割れないほど丈夫です。

さて、かつて、マダガスカル島には、ダチョウの4倍もの体重を誇る、500キログラム、高さ3メートルの巨鳥が棲んでいました。その巨鳥はエピオルニス（象鳥）で、その卵は長径35センチメートル、短径25センチメートルほど。なんとダチョウの卵の7個分の大きさもありました。200年以上前に絶滅しましたが、タマゴコレクターの私はこの世界一の卵を持っています。ダチョウの卵は、普通の卵よりも濃厚な味がしますが、果たしてこのエピオルニスの卵はどんな味だったのでしょうか。

人間を用心棒にして天敵から雛を守る
ツバメ

| 特徴 | 北半球の広い範囲に生息し、全長は17cm、飛行速度は最高時速200km |

4月になると、暖かい南の国で冬を過ごしたツバメが、日本に戻ってきて卵を産んで子育てを行います。

雛が誕生すると、オス親とメス親が平等に雛の面倒を見ます。もし、オスとメスのどちらかが不慮の死をとげた場合、片方の親が最後まで雛の給餌に務め、寒い日や夜などは、雛を抱いて子育て義務を全うします。

このように、ツバメは、片親になっても、子どもが一人前になって巣立つ日まで、立派に養育の責任を果たすのです。

ツバメはすぐに手が届きそうな民家の軒先や、人がいっぱいで混雑する駅舎、商店の天井などに巣をつくり、人の近くで子育てを行います。なぜなら、人の近くにいたほうが安全で、カラスなどの天敵から雛を守ることができるからです。ツバメは人間を用心棒にして暮らしているともいえるのです。

ニワトリ

生涯、卵を2000個以上も産む

特徴 家禽として世界中に生息し、全長はオスが約72cm、メスが約52cm

世界中に生息する鳥の中でも最も多く卵を産む鳥は、ニワトリです。その中でもとくにたくさんの卵を産むのは、品種改良された白色レグホーンと呼ばれる種で、年平均280個、一生のうち2000〜2500個も産みます。

白色レグホーンは、生後4カ月くらいから産卵を開始し、2年間はよく産みますが、それ以後は徐々に産卵数が減っていきます。それでも15歳くらいまでは産卵能力があるようです。

なぜニワトリは、たくさんの卵を産むのでしょう。それは、もともと天敵がたくさんいる所に生息していたニワトリの先祖が、卵を奪われるたびに、その分の卵を産み足すという優れた産卵能力を備えることで、種の保存を図ったためです。奪われた分を産み足すこうした習性は、水鳥やチャボ、ウズラ、スズメ、ハトなどにも見られます。この習性を利用して人間は、産み落とされたばかりの卵を少しずつ抜き取っては産み足しを促し、食糧を確保してきたのです。

頭が禿げているのは、ばい菌の侵入を防ぐため
ハゲワシ

特徴	ヨーロッパ、アジア、アフリカの温・熱帯地方に生息し、全長は 60〜110cm

　ハゲワシの頭が禿げているのには、ちゃんとした理由があります。

　アフリカのサバンナでは、肉食獣のライオンやチータ、リカオンなどが草食動物を倒し、食べ、満腹になるとその場から立ち去ります。続いてハイエナやジャッカルなどの動物が現れ、残った肉をむさぼり食います。肉食獣が去って、ハゲワシの群れがいっせいに骨と皮だけになった死骸に飛びつく頃には、肉らしい肉はほとんど見当たりません。しかも、その頃には、強い直射日光によって、死骸からものすごい死臭が放たれています。しかし、ハゲワシの群れは、骨と皮だけになった死骸の中に長い首を器用に突っ込んで、骨の間に付着しているわずかな肉片を鋭いクチバシで上手にあさります。骨の間に首を入れるので、頭には腐敗した死汁が付着します。ところがハゲワシの頭には毛穴がないので、どんなに腐った死汁を頭に付けても、毛穴からばい菌が侵入しません。

ブタ8頭か女性ひとり分の価値
ヒクイドリ

| 特徴 | インドネシア、ニューギニア、オーストラリア北東部の熱帯雨林に生息 |

　ニューギニアの森林地帯から、付近の島々とオーストラリア北部にかけて生息するヒクイドリは、頭部に派手な色の角質の冠をいただいています。この冠がヘルメットの役目を果たし、何かに驚くと、密林の中を頭を下げ低い姿勢を保ったまま、時速40キロメートルの猛スピードで走ります。ヒクイドリは、体ががっしりしていて、極めて攻撃的。しかも太い脚は強力なキック力を持ち、3本の指先の爪はスパイクのように鋭く、相手の体をまっぷたつに切り裂いてしまうほどです。イヌやブタがひと蹴りで殺されたという記録もたくさん残っています。

　ニューギニアの原住民たちは、昔からヒクイドリを飼っていました。雛を部落内に放し飼いにし、成長すると羽毛を引き抜いて飾りにし、肉は食用にしていました。その肉は大変おいしく、交易品としての価値も高かったのです。

　パプア人の間では、ヒクイドリ1羽は、ブタ8頭か女性ひとり分の値打ちがあったといいます。

夫婦の絆が強い鳥
フィリピンワシ

| 特徴 | フィリピンのミンダナオ島、ルソン島に生息、全長は 86〜102cm、体重は 4.7〜8kg |

　フィリピンワシは、フィリピンの国鳥に指定されていますが、年々その数を減らし現在、40羽前後ともいわれ、絶滅が危惧されています。

　猛禽類は、動物を襲って食べる捕食者ですが、フィリピンワシは、肉を切り裂く鉤形に曲がった黒光りした鋭いクチバシと、獲物をつかんで離さない強力な鉤爪を持っています。世界最大で最強といわれ、翼を広げると2メートル余りにもなる巨大さで、体重も6キログラムとがっしりしており、狙った動物に急降下して体当たりして仕留めるのです。その獲物として狙われるのは、サル、ニワトリ、ブタ、犬、猫などで、中でもサルを主食としているため、サルクイワシとも呼ばれています。人間の子どもや赤ちゃんが襲われるのではないかと心配もされていたのですが、人間には無害です。

　フィリピンワシは、厳格な一夫一婦制で死ぬまで一緒に過ごすため、夫婦の絆がとても強い鳥です。

* 078 *

忍者のように音もなく獲物に近づく

フクロウ

| 特徴 | ヨーロッパとアジアの北部に生息し、全長は48～52cm、翼開長は94～110cm |

　フクロウの目は、ほかの鳥とは違い、人間のように平らな顔にふたつ並んで付いているため、モノを立体的に見ることができます。とても大きな眼球を持ち、眼球を動かすことはできませんが、その代わり頭を自由に回すことができます。

　人間の頭は左右に90度ずつ、合計180度回すのが精一杯ですが、フクロウは270度も回すことができるのです。フクロウの大きな眼球は、なんと350メートル先の小さなローソクの炎を見分けることも可能なのです。しかも、柔らかい綿のような羽根を持っているので、ほとんど音もなく飛ぶことができます。

　また、耳も特徴的で、外側の羽毛が突き出ています。ラッパの先のような羽根の管が耳のところに付いていて、よく聞こえるようになっている種もあります。獲物の音を聞きつけたフクロウは、暗闇でもよく見える目を光らせ、獲物に向かって、一直線に音もなく近づき、捕獲するのです。

ヘビを常食にする鳥
ヘビクイワシ

| 特徴 | アフリカ中部以南に生息し、全長は1〜1.5m、翼開長2m、体重は2〜4kg |

　ヘビクイワシは、アフリカのサハラ砂漠以南に分布し、開けた明るい草原に生息しています。淡灰褐色で、頭部の黒褐色の80本前後の冠羽があり、羽ペンを頭にさしたような姿をしています。約1メートルの背丈で長い竹馬のような脚を使って歩き回り、草陰に潜むヘビやトカゲを追い出します。

　主食のヘビを見つけても、すぐに攻撃を加えることなく、歩を進めながら接近します。ヘビが、鎌首を持ち上げ、牙を剥き、威嚇を続けるのを見おろしながら、突然、猛り狂って、サッカーボールのようにヘビを蹴り、また近寄っては狂ったように蹴り続けます。ヘビを滅多打ちにした後、踏みつけて息絶えさせると、鋭いクチバシで引き裂き、その尻尾をくわえて、たぐるようにのどに通していくのです。ヘビクイワシの常食のヘビの中には、毒ヘビも含まれているのですが、一説によると毒ヘビの毒に対する免疫性があるといわれています。

クチバシののど袋で10リットルの水を溜める
ペリカン

特徴 アフリカ、アメリカ、ユーラシア、オーストラリア、カナダ、スリランカ、ニュージーランドに生息

　ペリカンの食性は肉食で、主に魚類を食べます。そのため、現在のような長い形のクチバシに進化したといわれています。

　ペリカンのクチバシの下部にできているふくらみをのど袋（咽喉嚢）といいますが、これはとても便利です。水面で獲物を捕獲するとき、いったん水ごとのど袋に含み、クチバシから海水を吐き出せば、余分な塩分を吸収せずに済みます。このど袋は、10リットルを超える水を溜めることができます。また、繁殖期に入ると、クチバシの上に高さ5センチメートルほどのこぶができ、その時期であることをアピールします。さらに、舌の筋肉を器用に操作して、のど袋を広げ、1分間に200回という速さで揺らし、体温を調節します。この動きには優れた気化冷却効果があるのです。また、魚を食べて半分消化させ、お粥のようにしたものをクチバシの中に溜め、雛がそこに顔を突っ込んで食事を摂るといった使われ方もします。

こらむ

　緑の多い庭に面した、私の小さな勉強部屋のベランダに、毎朝スズメが決まった時間にやってきます。パンくずと米粒を与えているのですが、どちらかというと米よりはパンを好んで食べている様子。鳥の世界でも、朝はパン食がいいようです。

　このベランダに最初にやってきたのが、スズメの夫婦でした。メスが食事をしている間、オスはあたりをキョロキョロと見まわし、見張りをしながら食事をしていました。そして、ここが安全な場所とわかると、今度は友達のスズメを連れてきました。さらにこの友達が別の友達を連れてきて……と、次第に仲間が増えていったのです。

　最初は仲間同士で仲良くエサを食べていましたが、集り場ができるとほかの鳥とのエサの取り合いが始まり、また、距離を置いてカラスがその様子をじっと見ています。このままではカラスが占領し、もう長閑な空間には戻れなくなってしまう！

　果たしてこの状況をどう対処すべきか、今が考えどころでしょうか。

魚
さかな

オスがメスの体の一部になる
アンコウ

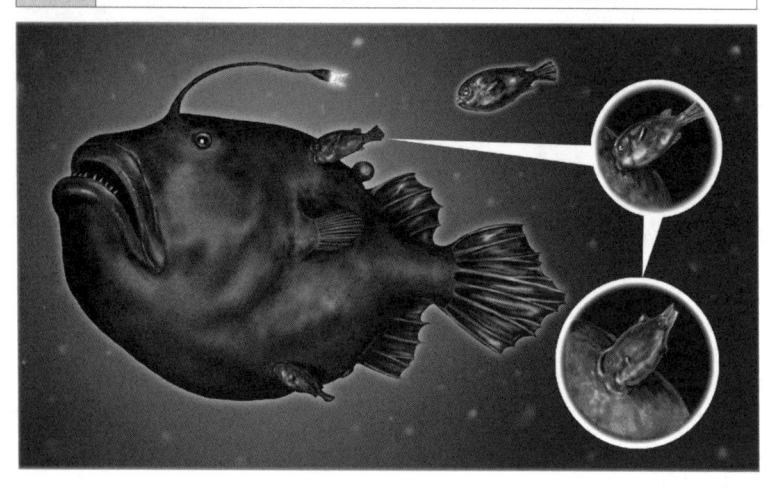

| 特徴 | 北極海、太平洋、インド洋、大西洋、地中海に生息し、体長は最大2m |

深海に棲む魚・アンコウは、とてもグロテスク。なんといっても、口の上から突き出ている釣り竿のような棒状の突起・ルアーが特徴です。

このルアーは、何百万もの生物発光バクテリアによって発光し、これで獲物をおびき寄せ捕食します。また自分の2倍もある大きな体の獲物を飲み込むことができます。一方、オスのアンコウは、メスに比べてかなり小さく、ルアーもありません。驚くことにオスは、メスに出会うと鋭い歯で噛みついて離れなくなります。そののち口がメスのアンコウの皮膚の内部に食い込み、癒着し、メスの肌や血管と結合します。血管が結合するので栄養もそこから補給されます。

最終的にオスは、精巣以外のすべての器官を失い、肉体的にメスと融合し、メスの体の一部になってしまいます。オスは生殖機能だけは残っているので、適当なタイミングでメスに精子を提供します。このようにしてメスは、体内に6匹以上のオスを寄生させるのです。

分身の術を使う「海の忍者」
イカ

| 特徴 | 世界中の海に生息し、体長は2cmほどのものから20mのものまでさまざま |

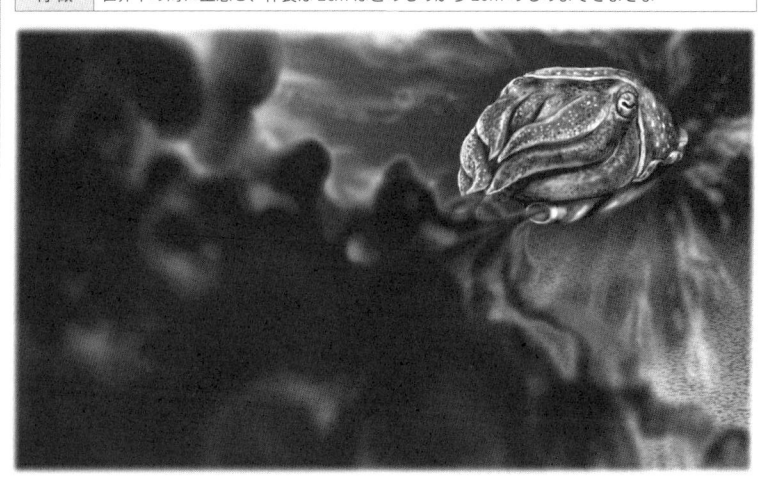

イカは、身に危険が迫ると、真っ黒いスミを吐きます。これまでは、このスミで辺りが暗闇に包まれ、敵が驚いている隙に逃げ出すことができる、と考えられてきましたが、実はこれが大間違いだということがわかってきました。

イギリスの動物学者、D・ヘール博士の研究報告によれば、イカがスミを吐いたとき、このスミが水中でパッと勢いよく広がるのではなく、黒い塊のままで海中を漂うのだそうです。しかもこのスミの塊は、イカにそっくりの形をしているというのです。

敵は、スミの塊をイカと間違えて突進してきます。そしてその塊に触れた瞬間、「花火のように」スミが大きく広がるのだそうです。そう、イカの吐き出したスミの塊は、自分の身を守るための「身代わり」なのです。

つまり、イカは分身の術を使って、敵を欺いていたのです。

イカはまさしく「海の忍者」なのです。

酢の中で泳ぐことができる魚
ウグイ

特徴 沖縄地方を除く日本全国に生息し、体長は30〜50cm

酢の中で魚が自由に泳いでいたら信じられないと誰もが思うことでしょう。しかし、世の中には、そんな信じられないこともあるのです。その魚は、青森県の下北半島の8つの峰が集まった恐山地帯の、宇曽利湖と呼ばれる、周囲が8キロメートル、水深15メートルの小さな湖に生息しています。宇曽利湖は火山の噴火の後、火口のくぼ地のカルデラに水が溜まってできたカルデラ湖で、湖の近くには、噴気孔や温泉が数多くあり、湖には硫酸を含む水が流れ込んでいます。この水は酸性で、その濃度も高く、一般の川の水の1000倍もあります。これは一般家庭で使われている「食酢」くらいの酸性度で、ふつう魚は生息できない環境です。この酢に等しい湖の中で生息しているのはただ一種、ウグイというコイ科の魚です。ウグイの研究者、大八木昭氏らによると、ウグイは酸性成分を体外に放出する塩類細胞を多く備え、臓器も共に進化していると考えられています。

自分の体より大きな胃袋を持つ魚
オニボウズギス

| 特徴 | 1000m未満の深海に生息、体長は10〜30cm |

　魚屋さんで魚を調理用に処理してもらうと、お腹の中からエサとして食べた小魚がたくさん出てくることがありますが、多くの魚類の中には、常識では考えられない行動をする魚もいるものです。それが、世界の1000メートル未満の深海に生息するオニボウズギスという魚。私たちがよく知っているアジくらいの大きさですが、肉食性で、自分の体より大きな魚を襲って食べます。鋭い歯と巨大な胃袋を持ち、この胃がお腹から下に突き出ていて、ゴム風船のように伸縮します。そして鋭い歯で自分の体よりも大きな魚やイカなどの獲物を捕らえ、ヘビのように口を大きく開き、飲み込み、大きな胃袋に収めるのです。これは、エサの乏しい深海で生き抜くための究極の機能といえますが、エサになると思えば手当たり次第に口に入れてしまうため、エサが大きすぎて、非常に薄い皮膚の腹が裂けて死ぬようなこともあると考えられています。

住まいは、ナマコの腸の中
カクレウオ

| 特徴 | 相模灘と富山湾以南に生息し、体長は約18cm |

魚の中には、巣をつくるものだけでなく、ほかの生き物の体の中を自分の隠れ家にするという、あつかましい習性を持ったものがいるのをご存じでしょうか。カクレウオは、胸ビレや鱗がなく、頭に長い角のようなものを付けた変わった姿で、体は細長く、体長20センチメートルほどの魚です。熱帯地方の浅い海に棲んで活動する習性があります。明るいうちは、ナマコの体内で動かず、暗くなると外に出て捕食活動を始めます。ナマコの体には、ナマコの肛門から入り、腸内で身を潜めます。頭を使ってナマコの肛門を探して、尾を肛門の中に入れて、後ろ向きに入っていくのです。

ナマコというグロテスクな生き物の体内にいれば、ほとんど天敵が襲ってこないので、カクレウオにとって安全な場所といえますが、ナマコはただ体を利用されるだけで、何の利益もないのです。

人命を救う「生きた化石」
カブトガニ

| 特徴 | 東シナ海やインドネシア、フィリピン、中国、日本の沿岸に生息し、全長は50〜85cm |

　カブトガニは、2億年もの昔からほとんど姿が変わっていないため、「生きた化石」といわれています。カブトガニには目が5つあります。背には4つあり、そのうち2つは複眼でものが見え、もう2つは単眼で光を感じるだけです。そして腹にも光のみを感じることができる目がひとつあります。繁殖期には、オスがメスを捕縛し、雌雄つながって行動する姿が見られ、長いときは3年間に及ぶこともあります。エサの食べ方にも特徴があり、まずメスが先にエサを食べ、残りをオスにパスします。

　実は、カブトガニの血液は、私たちの生活に大きな役割を果たしています。カブトガニの血液中の血球は、100億分の1グラムの微量な異物にも反応し、固めます。このため、海外のカブトガニの血液からつくった試薬が、世界中の医療機器の検査に使われているのです。また、海や河川の汚染の測定や、食品の衛生管理にも利用されています。

* 089 *

地獄の使い　アマゾン川の人喰い魚
カンディル

特徴　アマゾン川など南アメリカの熱帯地方に生息し、体長は約5cm前後

アマゾン川といえば、肉食魚のピラニアが有名です。この魚を釣ったときは針を抜くときに気をつけないと、指を食いちぎられるので、ハンマーでピラニアの口を潰してからつり針を抜きます。ピラニアは、実は、別名「人喰い魚」ともいわれていますが、実は、臆病な魚で、大群で行動し、人を襲った話は少なく、傷ついたカピバラや死んだ大型の魚などを食べます。

このアマゾン川には、魔物の使いと恐れられるカンディルという魚が生息しています。この魚は、ほかの魚のエラや、水の中にいるカピバラの鼻や肛門などから侵入し、侵入した獲物の内臓を食べます。エラ蓋に鉤針のようなトゲが付いていて、一度入ったら、引き抜こうとしてもトゲが立って戻れないようになっています。人間でも、全裸で泳いで、水の中で放尿などしようものなら、アンモニア臭に引き寄せられたカンディルが、尿道や肛門から体内に侵入。内臓を食べられ、生命の危機にさらされます。

南極の海に生息し、氷の中でも凍らない魚
コオリウオ

| 特徴 | 南極の海に生息し、全長は45〜60cm |

南極の海は、夏でも水温が2度、冬は0度以下となり、氷の海になります。南極では、魚たちは凍ってしまうのではないか、と思う人が多いでしょう。実際、通常の海で泳いでいる魚を南極の海に入れると、体内の血液が氷点下になって凍ってしまいます。温暖な海にいる魚は、極寒の南極では生きていけないのです。

しかし、南極海の魚は、独自の進化をしてきました。その代表的な種が、南極に生息する魚の約80％を占めているノトセニア亜目のコオリウオの仲間です。

ノトセニア亜目の魚は、低水温に適応した分類群で、特殊な体液を持っています。この体液を不凍タンパク質（AFP）といい、これが血液を凍らせないようにしています。

また、コオリウオの血液には、ヘモグロビンがありません。代わりに血漿と呼ばれる血液の液体成分が、体に酸素を運ぶ役割を担い、生きることができるのです。

091

鳥のように托卵をするナマズ
シノドンティス・ムルティプンクタートゥス

特徴 東アフリカと周辺の湖などに生息

托卵とは、鳥が自分の産んだ卵をほかの鳥の巣に紛れ込ませ、子育てを里親に託す行為のことで、日本ではカッコウなどが知られています。里親の巣で孵化したカッコウの雛は、里親が産んだ卵や雛を自分が生き残るために巣から落として全部殺すという、残酷な行為をします。

魚類にも同じ托卵戦略をとるものがいます。ナマズの一種、シノドンティス・ムルティプンクタートゥスは、口の中で卵を孵化させるカワスズメ科の魚の口の中で、自分の卵を育てさせます。このナマズの托卵方法は、カップルで里親の後方に近づき、里親のメスが卵を口に含む前に、ナマズのメスが里親の卵に紛れさせるように卵を産み続け、オスが精子をかけます。これは、一瞬の出来事で、里親のメスは、自分たちの卵や精子と共に、ナマズの卵も一緒に口の中に入れてしまいます。しかも、ナマズの卵が口の中で孵化すると、ナマズの子は、里親の子を全部食べてしまうのです。

オスが出産から育児までを担う
タツノオトシゴ

特徴 世界中の熱帯から温帯の浅い海に生息し、全長は1.4cmのものから35cmのものまで

タツノオトシゴは、出産から育児までをオスが行います。メスは、発情期を迎えると積極的にオスを探します。そして尾をからみ合わせ、メスの排泄口附属器をオスのお腹に付いている育児嚢に差し入れて、200個ほどの卵を産み落とします。産卵を済ませたメスは、さっさといなくなってしまうという無責任さで、一方、卵を受け取ったオスは、袋の中の網目のひとつひとつに丁寧に卵を収めます。臨月の大きなお腹を抱えたオスは、卵を預かってから母としての務めに励み、約40〜50日ほどで孵化させます。そして、親と同じ形の姿になっても、子は、親離れするまでずっと袋の中にいます。いよいよ出産の日、オスは大きなお腹を抱えて岩角などに近寄り、育児嚢を密着させ懸命にこすり上げます。これを繰り返し、大変な苦しみの後、袋の開口部から数日に渡って子どもたちを少しずつ放出します。すっかり疲れ果てたオスは、そのまま死んでしまうこともあります。

カニの王様は、実はヤドカリの仲間
タラバガニ

特徴 日本海を含む北太平洋と北極海のアラスカ沿岸、ガラパゴス諸島に生息

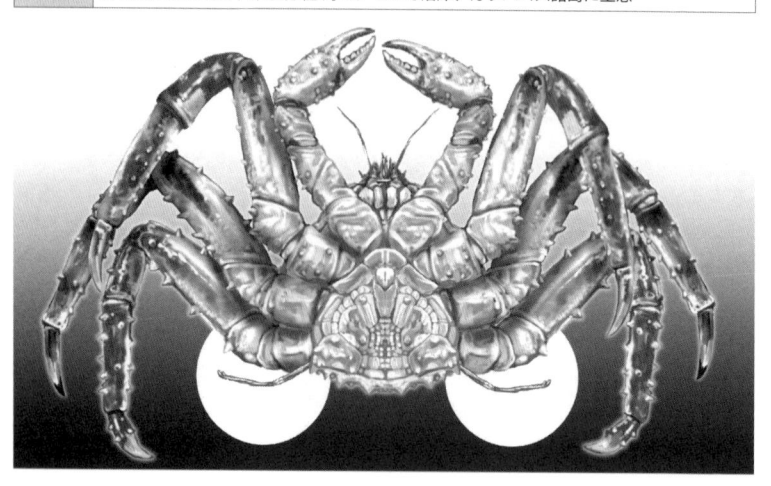

脚を広げると、1メートル近くにもなる大きなタラバガニ。カニの王様といわれるタラバガニ。実は、カニではありません。ケガニやズワイガニは、正真正銘のカニの仲間ですが、タラバガニは、ヤドカリの仲間なのです。

これは幼生期の姿からわかります。孵化したカニの子どもは「ゾエア」「メガロパ」という幼生期を経て変態しますが、タラバガニは「ゾエア」の後、ヤドカリの子どもと同じ「グラウコトエ」という幼生期を経ます。

これがヤドカリの仲間である証しで、ズバリ、タラバガニはカニの名を無断で使っているのです。カニの親指のような大きな二叉は、脚が変化したもので「はさみ脚」と呼び、合わせて5対10本の脚があります。

タラバガニの脚は、見た目は4対8本なのですが、腹部の下と両脚の下に退化した脚が隠れているので、カニと同じ10本です。

800ボルトの放電で、ウマが溺れ死ぬことも
デンキウナギ

特徴	南アメリカのアマゾン川・オリノコ川水系に生息し、全長は 2.5m

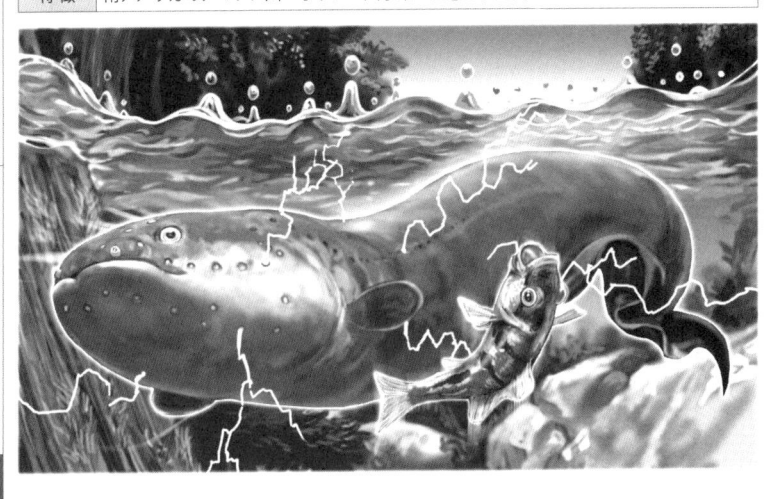

水中に棲んでいる生物の中には、電気を発電させる電気魚、発電魚がいます。中でも南米アマゾン川の上流に生息するデンキウナギは、強力な発電魚として恐れられています。家庭で使用する電気が100ボルトなのに比べて、デンキウナギはなんと800ボルトもの電力を放電できるのです。

デンキウナギは、泳いで体を動かしているときに、1秒間に25〜30回の割合で放電し、最高時では1秒間に50回もの放電をします。この放電は、方向を知るためのレーザーの役目をしているといわれています。また、800ボルトもある強力な放電のため、近くにいる魚やカエルなどは、気絶したり、死んでしまったりします。デンキウナギはそれを食べて生きているのです。

デンキウナギの放電のショックでウマなども川の中で溺れ死ぬことがあるとさえいわれています。一度の感電で人間が死ぬことはありませんが、何度も続けて感電するとやはり危険です。

魔物と形容されるエイ
ノコギリエイ

| 特徴 | インド洋から太平洋の熱帯・亜熱帯海域に生息し、全長 約6m |

太平洋から大西洋の熱帯地域に広く分布し、特に河川などの淡水域や、砂泥質の沿岸域、汽水域に好んで生息するのがノコギリエイです。全長が約6メートルにも成長する大型の種で、怪魚といっていいのか、魔魚と形容すべきか、鼻のように突き出た1メートルに及ぶ巨大な突起が特徴です。この突起はノコギリ状で、サメの歯と同じような構造をした歯が長く伸びたもので、狩りをする武器として使っているのです。ノコギリエイは、獲物の魚を見つけると、スピードをあげて魚に接近して、武器であるノコギリを力いっぱいに上下、左右に振り、殴打します。大きな魚でも、お腹を真っ二つにしてしまう程の威力があり、こうして動かなくなった魚を食べるのです。このような強い武器を使っているにもかかわらず人間に被害を与えたという報告は、今のところないようです。ただ、筋肉質の体を持ち、怒らせると激しく暴れ、気性も荒い性格なだけに要注意です。

* 096 *

一度に3億個産卵するも、成魚になるのは30匹

マンボウ

特徴 世界中の熱帯・温帯の海に広くに生息し、最大で全長は3.3m、体重は2.3t

鳥に比べると、魚は驚くほどの数を産卵します。中でもマンボウは、体長1メートルのメスで1回あたり3億個近くも産卵をすると記録されています。しかし、卵は産みっ放しにされるため、いろいろな魚の餌食になってしまいます。孵化しても隠れ場所のない大海を泳いでいるだけなので、成魚になるまでにさまざまな危険が襲います。こうしてマンボウの兄弟たちはどんどん数を減らし、成魚まで生き残るのは1000万分の1ほど。3億の卵から成魚になるのはたった30匹ほどなのです。

成長したマンボウは、泳ぎが得意ではありません。その代わり体が浮きやすく、海面近くを海流にまかせて漂います。獲物を追いかけることもできないので、口の周りに近づいて来たクラゲや小魚を吸い込んで食事を済ませます。のほほんとして見えますが、体の表面が硬く、サメの牙もライフル銃の弾丸も通りにくいといわれ、成長すれば敵に襲われることはありません。

こらむ

　南極の氷の海でも凍らず、平気な顔で泳いでいるコオリウオ。生まれた川に必ず戻ってくるサケ。眠らずに泳ぎ続けると言われるマグロなど、水の中で生きている生き物の中には、不思議な生活をしているものが少なくありません。

　1938年、南アフリカで7千万年前に生息していた幻の魚・シーラカンスが、その同じ姿のまま発見されました。研究者をはじめ大騒ぎになったことを、今も鮮明に覚えています。10もの鰭を自由に動かせる独特な骨を持つ怪魚で、一般的な魚と比べ、かなり独特なつくりをしていました。

　シーラカンスについては今も研究が進められていますが、広い海の中、さらに未知なる領域の深海には、もっともっと謎に満ちた不思議な生き物が生息しているのでは、と考えるだけでわくわくしてきます。

　生き物バンザイ！　生き物バンザイ！

　生き物たちの「はてな」の世界は、終わりがありません。

小動物・昆虫ほか

水の上をスイスイと泳ぐ軽業師
アメンボ

特徴	熱帯から亜寒帯まで広く生息し、体長は最大種で2.5cm

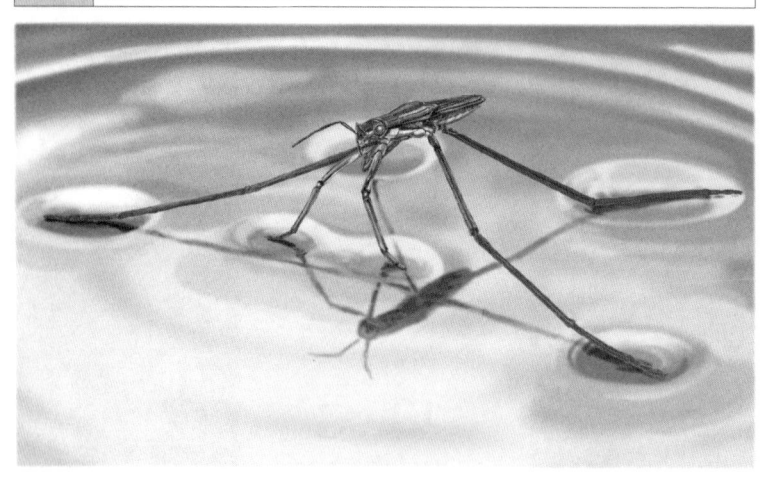

　湖、池、小川などの水面で見かけるアメンボは、表面張力を利用し、すらりと伸びた中脚と後ろ脚をオールのようにして、水の上を滑りながら暮らしています。その姿はまさに忍者のようです。また頭の下には中脚と後ろ脚よりもはるかに短い2本の前脚があり、呼吸のために浮上した昆虫を捕らえるために使われます。そして、口器で獲物に穴を開け、中味を吸い尽くします。

　アメンボは、体を支える水面の膜を利用して、情報収集することもできます。アメンボの中脚と後ろ脚には振動を感じるセンサーのような働きが備わっており、天敵が近づいてきたことやエサが着水したことを、そのときのさざ波で感じとることができるのです。さらに、オスは、自分でさざ波を立ててメスに信号を送ります。それに気がついたメスもまた、前脚を上下させて波を起こし、応答。2匹は見事巡り会い、交尾を行うことになります。

クジラの巨体に寄生する
ウオジラミ

| 特徴 | 体長は3〜5mm、クジラのほかに金魚などの魚類にも取りつく |

シラミは、人間や動物に寄生し、血を吸って生きる嫌われものです。実は、海の哺乳動物でもある巨大なクジラに寄生するシラミもいます。それがウオジラミです。ウオジラミは、クジラの背中に食いつき、皮膚に小さな穴を開け、そこをねぐらにします。クジラが海中をぐんぐん進むときは、付着しているものをすべて洗い流してしまうほど強い水流が起こりますが、ウオジラミは、くぼみに入り込んでいるので、はね飛ばされないで済むのです。では、いったんウオジラミに寄生されたら、クジラは永久に血を吸われ続けなければならないのでしょうか。

長時間海中を泳ぐクジラは、ときどき海面に出て、かなりの時間をかけて大量に空気を吸い込む、深呼吸の時間が必要です。このとき、ウオジラミをエサにする海鳥・ハイイロヒレアシシギの群れが、クジラの背中に集まり、せっせとシラミをほじくり出して食べてくれるのです。

小動物・昆虫ほか

* 101 *

3000kmの渡りをする毒チョウ
オオカバマダラ

| 特徴 | 北アメリカ原産で世界中に生息し、翼開長は10cm |

オオカバマダラは、世界でも特に有名なチョウの一種といわれています。このチョウは、北アメリカの原産ですが、現在では、全世界に分布を広げています。この種に備わった渡りの本能が各地への分散の助けになっているのです。

さて、このオオカバマダラは、数億匹もの群れを成し、カナダから国境を越えメキシコまで3000キロメートルの渡りをします。そして春の訪れを待ち、オオカバマダラは再びカナダを目指します。

鳥でもないのに、なぜこのチョウが渡りをするのか、その理由は、エサの確保にあります。幼虫は、トウワタという植物の葉しか食べません。一度に同じ場所で増えすぎると、エサを食べ尽くして、枯渇させてしまうのです。トウワタの葉には毒があり、これを食べることで体内に毒を溜めます。羽のオレンジと黒の模様は毒の体という警告色で、このチョウを食べた天敵の鳥は、吐き気をもよおして苦しみます。

* 102 *

口から胃袋を吐き出して洗う
カエル

| 特徴 | 世界中に生息し、世界に約4,800種、そのうち日本には43種がいる |

カエルは、世界中に約4800種いて、そのほとんどが水辺で暮らしています。また、カエルの多くが肉食性で、昆虫などを食べます。獲物を見つけるとすばやく舌を伸ばし、獲物を舌にくっつけて引っ張り込みます。もし間違って獲物ではなく異物などを飲み込んだときはどうするのでしょうか。驚くことにカエルは、口から胃袋を吐き出し、胃袋を洗うのです。

カエルのもうひとつの特徴が、動いているものしか食べないということです。死んでいる虫やミミズには見向きもせず、生きているものでもそれがじっとして動かないと襲うことはありません。逆に死んでいるものでも、強風や落下など何かの拍子で動くことがあると飛びつきます。動いているものしか食べないという同じ習性を持つ生き物がヘビです。ヘビに睨まれたカエルがじっと動かないのは、ヘビが自分と同じ習性を持っていることを知っているからかもしれません。

生殖活動の後、どちらも妊娠する
カタツムリ

| 特徴 | カタツムリは、陸に棲む巻貝の通称で、そのうち殻のないものをナメクジと呼ぶ |

カタツムリは、オスとメスが同体という不思議な生き物です。カタツムリの頭部には大小二対の角がありますが、長い触覚の先端には目がついており、その下には小さな穴が空いていて、そこに生殖器があります。そして、この生殖器の中に精子と卵子をつくる管がついています。

カタツムリは6月に入り梅雨になると、発情して相手を求めます。2匹が出会うと、お互いにオス、メス同体なので、相手がメスとしての行動をとれば、もう一方はオスとして振る舞います。2匹が接近して円を描きながら触覚と触覚をふれ合わせる求愛行動の後、お互いの生殖門の穴の中からマッチ棒のような管を出し、それを相手の生殖器の中に差し入れ、精子が詰まった袋を交換して行為が終わります。そして、双方が、相手から投入された精子を自らの卵子に受精させるので、両方とも妊娠するのです。

母グモは自らの体を子どものエサに……
カバキコマチグモ

| 特徴 | 日本全土に生息し、体長は1〜1.5cm、夜間草むらを徘徊して昆虫などを捕食 |

小さな子どもがクモに噛まれる被害が発生した場合、犯人はほぼ間違いなくカバキコマチグモです。カバキコマチグモは、日本全土に生息し、強い毒を持っています。噛まれると、激しい痛みをともない、患部は赤く腫れ上がります。通常は2〜3日で腫れが引きますが、場合によっては痛みが2週間続いたり、頭痛や発熱、嘔吐をともなう場合もあります。

カバキコマチグモのもうひとつの特徴が、子どもがお母さんグモを食べてしまうことです。カバキコマチグモのお母さんは受精すると、卵嚢という袋をお腹から出し、その中に100個前後の卵を産みます。卵は12日前後で孵化し、透き通った赤ちゃんグモが生まれます。お母さんグモは、袋を食いちぎって子どもたちを外に出します。しばらくすると子どもたちは1回目の脱皮をします。この1回目の脱皮が終わると、赤ちゃんグモはお母さんグモに群がり、なんとお母さんグモを食べ始めるのです。

交尾の最中にメスに食べられてしまうオス
カマキリ

特徴	熱帯、亜熱帯を中心に世界中に生息し、日本には9種いる

　カマキリは、生きて動いているものはすべてエサと判断し、静止しているものは口にしないという習性を持っています。

　そのため、交尾のとき、オスは命がけです。成熟したメスを見かけたオスは、目だけで相手の動きを追い、メスの隙をうかがって少しずつ近づきます。そしてメスのすぐ近くまで来ると、一気にメスの体に乗り交尾行動に入ります。でも、メスにとってオスは生きて動くエサ以外の何ものでもないため、カマを振りかざしてオスを捕まえます。オスは食いつかれても逃げようとせず、そのままカリカリと音を立てて頭から食べられてしまいます。しかし驚いたことに、オスはその状態で正常な交尾を続け、自分のお尻の先で、メスのお尻を探り、交尾を完遂させます。オスが交尾の目的を達成したときには、体はほとんど食べ尽くされていて、お尻の先端がちぎれたトカゲのしっぽのようにピクピクと動いているだけなのです。

獲物を発見し舌を届かせるまで16分の1秒
カメレオン

特徴 アフリカ大陸、ユーラシア大陸南西部、スリランカ、マダガスカルに生息

カメレオンは、温度の高い場所や直射日光が当たる場所では緑色になり、低温の場所では茶色になります。また、動いているときや、何かに興奮したときは緑色、活動しないで寝ているときはグレーがかった茶色、光が当たらない場所では黄色か強い黄緑色になるなど、さまざまな色に変わります。この色が周囲に溶け込むことで天敵やエサになる昆虫に発見されにくいのです。

また目と舌の機能は天下一品で、左右の目は、それぞれ別々のものを見ることができ、前後左右さらに上下に自由自在に動かして八方を見ることができます。この上等の目を使ってエサの昆虫を見つけると、そっと近づいて口の中にたたみこまれた長い舌を出し、目にも留まらぬスピードで獲物を吸い付けます。この舌は体の1.5倍もあり、先には獲物を引き込むためのトリモチの役目をするネバネバした液が付いています。そして昆虫を見つけてから16分の1秒という早業で仕留めるのです。

決して酔いつぶれない酒豪
キイロショウジョウバエ

特徴	体長は約3mm、生物学とくに遺伝学的解析で、普遍的な生命現象の研究素材となった

　人間はアルコールを摂取し過ぎると二日酔いになったりしますが、いくらアルコールを摂取しても平気な生き物がいます。それがキイロショウジョウバエ（別名・果実バエ）です。

　キイロショウジョウバエは、世界中の果実が発酵しているところ（腐りかけているところ）に必ず現れます。それゆえワイン醸造所などでは害虫としてひどく嫌われています。キイロショウジョウバエは、9％以上のアルコールも消化してしまうといわれています。それは、体内でアルコール脱水素酵素を生産することができ、この酵素がアルコールを分解するからです。そもそもキイロショウジョウバエは、アルコールそのものを好むのではなく、アルコールを生産する酵母を好んで食べます。そのため、発酵する前の果物には見向きもしません。しかも、酵母がない場合でも、カビ、粘液分泌物、細菌でも生きていけるため、腐敗物をせっせと生産する人間の側に付いて回るのです。

オスがメスに貞操帯を付ける
ギフチョウ

| 特徴 | 秋田県南部から山口県中部にいたる26都府県に生息し、翼開長4.8〜6.5cm |

1883年に名和昆虫研究所の名和靖さんによって岐阜県で発見され、県名がそのまま命名されたギフチョウは、日本の特産種で、繁殖のための交尾の後、オスがメスの膣に栓をして閉じてしまうという珍しい習性があります。

ええ！そんなことができるチョウがいるのですか、と不思議がられるでしょうが、本当にそうなのです。

ギフチョウのオスは、メスとの交尾が終了すると、メスの膣に固着性の分泌物を出して、メスの交尾口を塞いでしまいます。これが固まって平らな盾形の栓となったのを「スフラギス」といい、ラテン語で「封印」を意味します。

これは、交尾栓、または交尾嚢とも呼ばれ、一種の貞操帯なのです。チョウには、交尾口と産卵口は別々にあるので、交尾口を塞がれても産卵には支障はありません。

しかし、交尾栓を付けていても、中には交尾栓を壊して挑み、成功するオスもいます。

アリの巣の中で育つ
ゴマシジミ

| 特徴 | 北海道から九州まで広く生息し、成虫は夏、湿原や草原に現れる |

ゴマシジミは、幼虫時代をアリの巣の中で過ごすことで有名なチョウです。

ゴマシジミの卵は、草地に生えるバラ科の多年草・ワレモコウのつぼみに産み付けられます。孵化した幼虫は、第三齢までは花や花の蜜を食べて成長します。第三齢を過ぎると背中の蜜腺が発達し、クシケアリというアリがその匂いに引き寄せられ、幼虫をアリの巣の中に運んでしまいます。

幼虫は背中から出る蜜でアリを中毒にさせ、アリの幼虫や蛹を食べながら育ち、一冬を越し、春になるとアリの巣の中で蛹になります。7月中旬頃、成虫となったゴマシジミは、アリの巣から飛び立ちますが、その間、アリに、自分たちの幼虫が食べられていると気づかれることなく、成虫になるまで居候を続けます。

一方、ゴマシジミは、チョウになると同時にアリに襲われるため、巣の出口近くか巣の外で蛹になり、チョウになったとたん一目散に飛び立って逃げるのです。

背中に卵を押し込み、成長するまで背中で育てる
コモリガエル

| 特徴 | 南アメリカの北部熱帯域に生息、体長は18cm前後 |

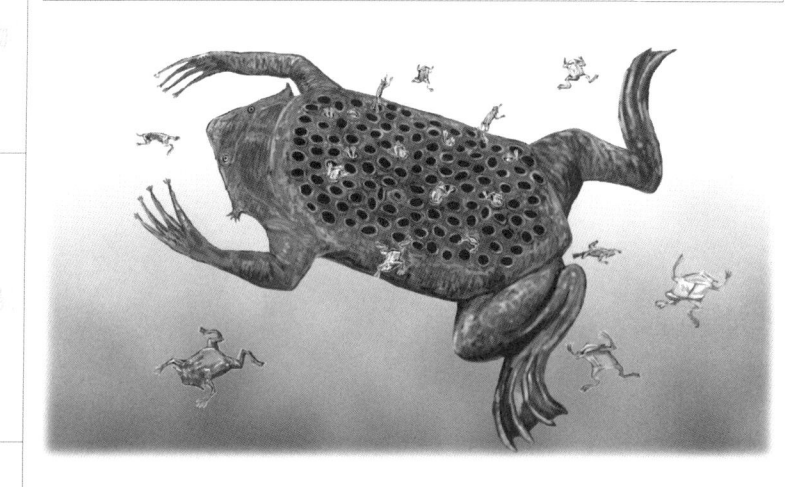

世界中に生息する多くのカエルの中には、変わりものカエルがいます。中でもコモリガエルは、体が褐色で、水の中では枯れ葉や岩石などによく似ているため、周辺の色と調和し、天敵を欺くための擬態となっています。また、カエルには珍しく、縄張りまで持っています。さらに水の中で一生を過ごすにもかかわらず、水かきは後ろ脚にしかありません。前足の指先には星形の触角があり、前脚を広げて泳ぎながらその触覚に獲物が触れると、前脚で口に運んで食べたり後ろ脚で水を掻きながら前脚で危険なものをよけるために使います。真っ平らな背中は、パンケーキ状で柔らかく、繁殖時に大きな役割をします。メスは、産卵期に入ると、オスを自分の背中に抱きつかせて回転を始め、回転が終了すると、オスが柔らかくなった背中に、100個近くの卵を押し込みます。背中に埋めた卵は、おたまじゃくしの時期を経て子ガエルとなり、育児室の背中から自由になるのです。

小動物・昆虫ほか

子育て不要、出産したときにはすでに大人
シラミダニ

特徴	代表的な寄生虫で世界中に分布し、通常約0.3mm、妊娠中のメスで体長約2mm

暖かくなると、扉を開けた外からハエが入ってきます。このハエは、センチニクバエなどで、食卓の周りなどをうるさく飛び回り、ハエ叩きなどで潰すとお腹からウジ（幼虫）が出てくることもあります。このように、多くの動物は、卵から幼虫になったり、また哺乳類であれば、母乳を与えられて成長し、繁殖行動をして子孫を残します。これは、当然の成長のパターンなのですが、このあたり前の常識を覆す生き物が、シラミダニというダニです。

日本の主力輸出品が絹糸だった頃、養蚕農家を困らせたのが、蚕（カイコガの幼虫）に取り付くシラミダニでした。シラミダニは、蚕の幼虫の体液を吸い取りながら自分の胎内で幼虫ダニを卵から育て、約200もの幼虫が完全に成熟して成虫になった後に体外に放出します。

つまり、生まれた時はすでに大人。すぐに交尾をして、胎内に卵を宿し、寄生先の蚕の幼虫を見つけて、同じ道を歩みます。

112

十七年ゼミ

17年も土の中にいるセミ

| 特徴 | アメリカには、17年周期の17年ゼミが3種、13年周期の13年ゼミが3種いる |

セミは、成虫になるまでに長い年月を要し、おなじみのアブラゼミやミンミンゼミなどとは、7年間も土の中にいて毎年6月の下旬頃から地上に出て鳴き始めます。種によって鳴き声がそれぞれ違いますが、いくつかの例外種を除いて、鳴くのはすべてオスで、メスは鳴きません。

北アメリカのロッキー山脈の東側に生息するセミは、なんと土の中に17年間もいるのです。その名も十七年ゼミ（周期ゼミ）といい、17年ごとに地上に一気に出現します。その地域で十七年ゼミが大発生したのは2004年。計算上次に発生するのは2021年となりますが、気が遠くなるような長い地中生活を送るセミなのです。

また、このセミの仲間に十三年ゼミがいて、それぞれ3種ずつの仲間と合わせて計6種が生息しています。

外観はよく似ているのですが、交配して雑種をつくるようなことはないようです。

小さな殺し屋、そして危険な殺し屋
スズメバチ

| 特徴 | 世界に67種がいて、そのうち日本には16種が生息、体長は4cm |

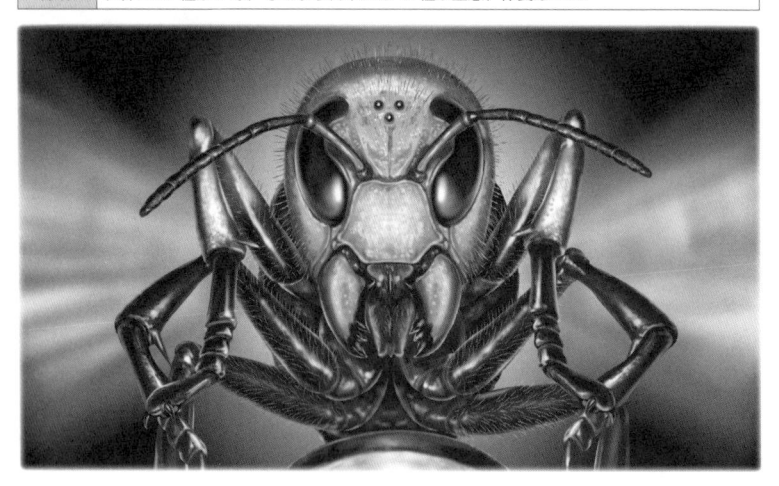

日本で、毎年5月を過ぎて夏休みを迎える頃になると、新聞やテレビのニュースに登場してくるのが、スズメバチの被害です。厚生労働省の人口動態調査では、スズメバチに刺されて死亡する人は、毎年30人近くにのぼるとされています。日本では、ハブやマムシのほか、クマなどの被害も、うれしくない世界1位なのですが、スズメバチは身近にいる生き物という点でも注意が必要。性質が凶暴で毒性も強く、刺されてアレルギー反応が出た人は、2度目の被害で過敏反応し、ショック状態になることもあります。

さて、最強の昆虫スズメバチが最も人を襲うときは、巣の中の新女王とオスが卵から孵化する8月から9月下旬にかけてで、気性が荒くなります。巣の近くに接近したときに巣を守るハチが大顎を「カチカチ」と鳴らしながら近づいて来たら、「近づくと刺すぞ！」という警告飛行のサイン。その場を早く離れることです。

原油の中でも生きていける奇妙なハエ
セキユバエ

| 特徴 | アメリカのカリフォルニア州に生息 |

地球上で、昆虫は非常に繁栄した生き物として知られていますが、このような昆虫の中でも、世界的に珍しい、石油に強い不思議なハエが存在します。原油といえば、鼻をつくような強い臭いと毒性の多さが特徴の物質です。原油を精製するために工場のプールに集める作業が行われる場所がアメリカ合衆国の西海岸のカリフォルニア州のロサンゼルス郊外にあります。石油採掘が行われ、鉄骨の櫓が数多く建てられ、地下から原油を汲み出しています。

1899年に記載された報告によると、この原油プールに2ミリメートルくらいの小さなハエの幼虫が、発見されたとのことです。このハエは、セキユバエと名づけられています。近い仲間にショウジョウバエがあります。セキユバエの幼虫は、原油プールの表面を泳ぎながら生活し、プールに落ちた昆虫を食べます。成虫は、原油プールの周辺を飛びながら暮らしているのですが、詳しい生態は、まだ不明です。

親子ともども死んだフリ
テントウムシ

| 特徴 | 体長は数mm～1cm、和名は、太陽に向かって飛んで行くことから「天道」が転じた |

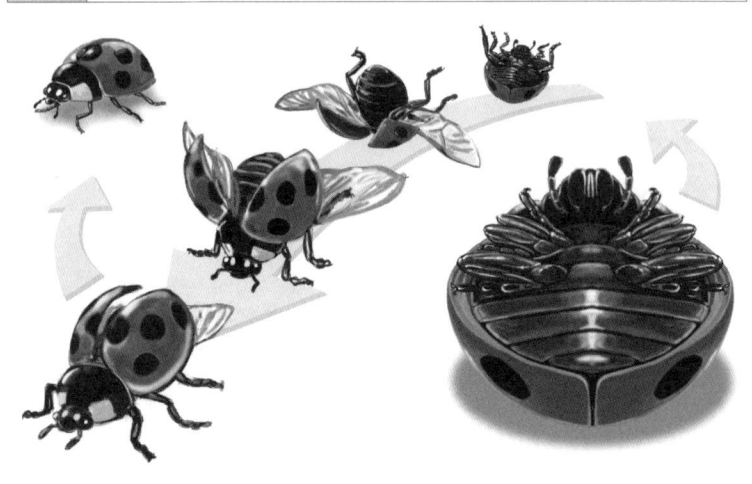

昆虫の世界では、外敵に襲われたとき、体を硬直させて動かなくなる、いわゆる死んだフリをするものがいます。ナナフシ、ハムシ、コガネムシ、カメムシ、タマムシなどの小さな甲虫類に多く、とりわけ有名なのがテントウムシです。なんとテントウムシは、成虫も幼虫も、親子で死んだフリをするのです。テントウムシの成虫は、天敵が近づくだけで体を硬直させてしまいます。しかも脚をピクピクさせた後に動かなくなるといった、かなりの演技派です。

テントウムシの幼虫は、演技のほかに大きな武器も持っています。まず幼虫は、天敵が近づくと、いかにも息絶え絶えといった様子でよろめきながら逃げ始めます。さらに関節部から黄色い体液を分泌します。幼虫は、体中がドロドロになるまでこの体液をみるみる分泌した後、コロンと仰向けになり、死んだフリをするのです。この体液は、とても臭く、苦いので、たまらず天敵も退散するというわけです。

力を合わせて産卵
トンボ

| 特徴 | 世界に約5,000種、そのうち日本には180種近くが生息し、複眼は270°もの視界がある |

日本には現在、約180種のトンボがいます。国土の広いアメリカで約500種、中国では約400種いて、それと比べると、日本は国土が狭い割に豊富な種類のトンボがいることになります。

さて、トンボの夫婦仲のよさは昆虫の中でも筆頭クラス。交尾のときにオスは、体を「く」の字に曲げて9番目の節にある射精管から出した精液を2番目の節にある交尾器に移しておきます。そして交尾を始めるとオスは、シッポの先に付いているはさみをメスの首の所に差し入れます。メスは体を「く」の字に曲げて玉門をオスの交尾器にあてがい、精液を取り入れます。この変則的な交尾が終わっても2匹は離れず、そのまま飛び回りながら産卵場所を探します。そして水辺でシッポを水の中に差し入れ産卵します。オスは産卵中、メスの首をしっかりと挟んで水中に落ちないように支えているので、メスは安心して産卵に専念できるのです。

小動物・昆虫ほか

死んだ状態の虫が、水に入れると生き返る
ネムリユスリカ

| 特徴 | アフリカ中央部の乾燥地帯に生息し、体長約7mm |

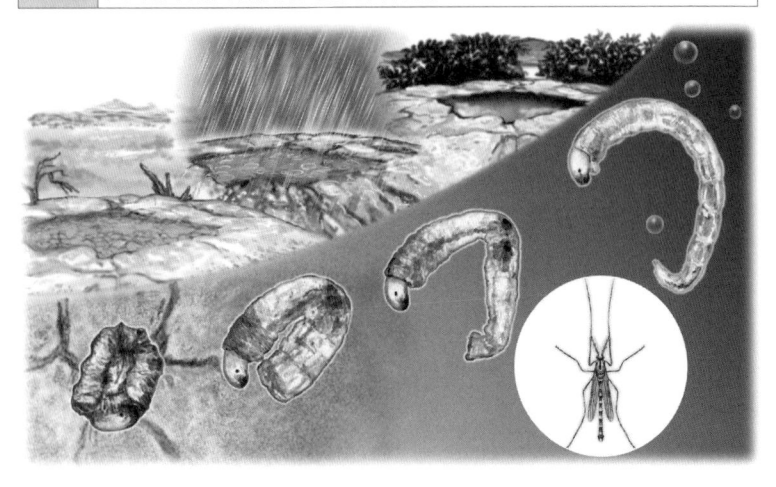

アフリカのナイジェリアなどの乾燥地帯には、自由に死んだり、生き返ったりできる昆虫が生息しています。

ネムリユスリカは、ユスリカという人を刺さない蚊の仲間で、生息場所は、ほとんど雨の降らないアフリカ大陸の中央部の乾燥地帯。まれに雨が降って水場ができると、ネムリユスリカの幼虫である水生生物のボウフラが現われます。

しかし、乾燥地帯では、いつ水場が干上がってしまうか知れず、そうなるとボウフラは、生きていけません。そのため、この時季が迫ると幼虫は、トレハロースという糖を体内にたくさん蓄えます。この糖が水の代わりに細胞構造の保存機能を働かせておいてくれるため、体が乾いてミイラのようになっても、細胞は保存されるというわけです。この状態であれば、死体のままで100度の高温やマイナス270度の低温にも耐えられ、水の中に入れると生き返って成長を開始するという、驚きの虫なのです。

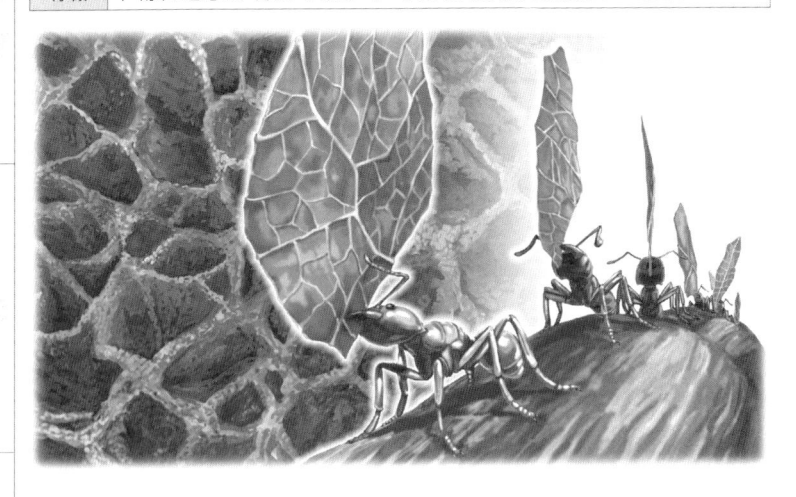

保存食としてキノコを栽培する
ハキリアリ

特徴	中南米に生息し、働きアリは大・中・小と大きさが分かれ体長は3〜16mm

　ハキリアリは、中南米を中心に広く分布し、木の葉を切り取って巣に運ぶ習性があります。

　ひとつの巣に100万匹ほどいて、その数は一夜にして1本の木を丸裸にしてしまうほどの大集団です。また、キノコ（菌類）を栽培することで有名です。まず、採集した葉を細かく噛み砕いてふわふわしたスポンジ状にします。これを、肥料として巣の奥深くにある特別室に保存し、そして地下農園にジュータンのように敷き詰め、菌糸を一面に生えさせて菌の栽培を始めます。菌糸が育つと小さな固まりになり、やがて菌糸や古くなった菌床がアリの食べ物になるのです。

　アリの社会には、ハキリアリのような農耕型のほか、チョウの幼虫を巣の中に引き入れ、エサを与え飼育する代わりに体内から分泌される甘い液を食糧とする牧畜型、集団で別のアリを襲い奴隷にして食糧を取ってこさせる海賊型など、さまざまな社会が形成されています。

捕まったクモには生き地獄が待っている
ベッコウバチ

| 特徴 | 日本では本州から沖縄県の八重山に生息し、体長は2.5cm、7~9月に出現する |

クモ狩り名人として知られるベッコウバチは、まず、体当たりするなどしてクモの巣を揺らします。クモは獲物が引っかかったと勘違いして飛び出してきます。ベッコウバチはクモの手が届かない程度のところを飛び回り、スピードで翻弄しながら、隙を見つけると素早くクモの背後につき、背部や口元に針を一刺し。一撃でクモを麻痺させます。

ここからクモにとっての生き地獄が始まります。実は、ベッコウバチの成虫は、クモを食べません。クモは幼虫のエサになるのです。ベッコウバチは、麻痺状態にあるクモを生きたまま巣に運びます。そしてクモの近くに産卵します。ベッコウバチの幼虫が卵から孵化したとき、まだクモは麻痺状態にあります。すると幼虫は、致命傷となるような部位は後回しにして、死なないようなところから食べ始めるのです。そのため、体の半分以上を食べられた時点でも、クモは死んでいないといわれています。

結婚詐欺を働く種のメスがいる
ホタル

特徴 主に熱帯から温帯の雨が多い地域に生息し、世界にはおよそ 2,000 種がいる

夏の初めに尾を光らせながら飛び回るホタルは、ロマンティックな季節の風物詩です。ホタルは、発光器官に供給する酸素の量を調節することで光り方が変わります。しかもその発光パターンは種によって異なります。一般に、目に付きやすい葉や植物の上に止まっているのがメス、決まった光の信号を点灯させながら飛び回っているのがオスです。メスは自分に合った信号の点灯を見つけると同じパターンで光の信号を送ります。この信号のやり取りを相互に繰り返し、オスはメスの傍らに降り立ちます。ホタルの求愛もまさにロマンティックなのです。

しかし、フォトウリス属のホタルのメスは、このロマンティックな求愛方法を悪用します。この種のメスは、どの種の信号も送り返すことができ、違う種のオスが勘違いして傍らに降り立つと、即座に食べてしまうのです。つまり、同じホタルでも、種が違えばたんなるエサに過ぎないのです。

仲間の体を食料貯蔵庫にするアリ
ミツツボアリ

| 特徴 | オーストラリア、中央アメリカに生息し、体長は約1.5〜1.8cm（蜜が入った状態） |

オーストラリアなどの砂漠で生き抜くために、通常では考えられない奇妙な生態を獲得したアリがいます。花の蜜やアブラムシなどが分泌する甘露などをエサとして取り込み、集団生活をしているミツツボアリです。

このアリは、その名のように腹部を蜜の貯蔵庫（蜜壺）の代わりにしています。砂漠では、食料のある時期は短く限られていて、一年のほとんどが食料不足の状態です。アリたちの主食は液体の蜜で、地下の砂でできた巣の中で備蓄するのですが、選ばれた蜜壺係の大型の働きアリは、働きアリたちが集めてきた蜜を口移しで飲まされます。次から次へと蜜を飲まされ、地下の巣のブドウのようにふくれあがった腹で、地下の巣の天井に、ぶら下がって一生を過ごすのです。

蜜は、食料不足の折に仲間に分け与えられます。蜜壺係の体を貯蔵庫にしてエサを腹に貯えるなんて、なんとも、すごいことを考えたものです。

オスは、勝っても負けても死すのみ

ミツバチ

| 特徴 | 世界に9種いて、そのうちセイヨウミツバチは、世界中で養蜂に用いられている |

花から花へ飛び回るミツバチの世界は女権社会です。菜の花が咲く3月下旬頃、女王蜂は100匹を超すオスを引き連れ大空に向かって飛び立ちます。このオスは働きバチと違い、まったく仕事をせず、生殖係だけを受けもち、我先に女王蜂と交尾しようと争います。ただうまく交尾できるのはたったの1匹だけ。しかも交尾したオスは、女王蜂と離れるとき、交尾器が引きちぎれ、7〜8分で死んでしまいます。

その他のオスたちは、帰巣しても働かないので無用の穀潰しとされ、働きバチから巣の外に追い出され、餓死してしまいます。女王蜂と交尾したオスも帰巣したオスも、哀れな結末を迎えるのです。その後、女王蜂は、たった1匹のオスバチの精子を自分の体内にある貯精嚢に蓄え、必要に応じて精液を出し、自分の卵に放出して受精させます。女王蜂は数年生きますが、老齢になると、次の女王蜂候補の卵をいくつか産み、その巣を離れて死の旅に出ます。

小動物・昆虫ほか

オスもメスも子孫を残すためだけに成虫する
ミノムシ

特徴	日本では全土に生息し、成虫したガの体長は3〜4cm

　ミノムシは、一般にはオオミノガの幼虫を指し、蓑の内部で幼虫のまま冬を越します。春を迎えた4月から6月にかけて蛹となり、6月から8月にかけて羽化します。ただ、成虫のガになるのはオスに限られています。しかもオスは口が退化しており、花の蜜などを吸うことはできません。メスにいたっては、いつまでたっても羽化せず、蛹の殻の中に留まり続けます。

　オスはメスのフェロモンに引かれて、蓑の内部にいるメスと交尾をします。このとき、オスは小さな腹部を思いきり伸ばし、蛹の殻とメスの体の間に入れ交尾します。交尾を終えるとオスの役目は終わります。オスに口がないのは、オスには子孫を残す役割しかなく、必要ないからです。その後、メスは蓑の中に1000個以上の卵を産卵し、卵が孵化する頃に蓑の下の穴から出て、地上に落下して死にます。メスは卵を産むためだけに成虫となるため、手脚はおろか、目などの感覚器すらありません。

毎年100人以上をあの世に送る殺人アリ
レッドファイアーアント

| 特徴 | 南アメリカが原産だが、近年、生息圏を拡大しつつある |

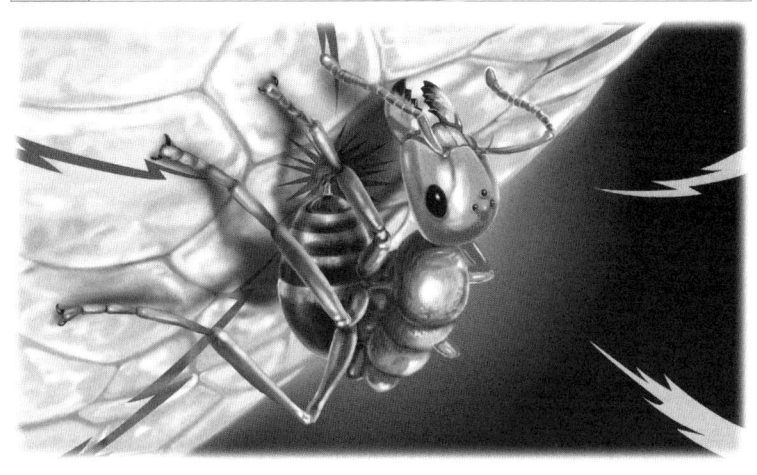

毒を持つ昆虫といえば、スズメバチを含む毒バチ類や毒ガなどが思い当たりますが、ほかにもツチハンミョウという有毒昆虫は、触るだけでその体液が皮膚に付き、痛みをともなわない赤く腫れ、水泡ができる危険な昆虫で、この体液が目に入ると失明する危険性もあります。

さて、南米産のアリにも危険な種がいます。レッドファイアーアントというアリで、アメリカだけでも1年間で、なんと100人以上の人間を毒針で刺し、あの世に送るという殺人アリなのです。この恐ろしい毒は、タンパク質系に加えアルカロイド系も含む毒。アルカロイドはアルカリ性の化合物の一種で、麻薬や薬として知られているモルヒネやコカインもアルカロイド系です。この毒は、血を壊して細胞を溶かす作用もあり、この殺人アリに刺されると、激しい痛さや腫れで、ときには急性アレルギー症状を起こしショック死に至る場合もあります。

小動物・昆虫ほか

* 125 *

こらむ

「生まれて初めて見た生き物は？」と聞かれたら、ママやパパなどの人間を除けば、たいていの人は「虫」になるかと思います。庭の隅っこの小さな穴の周りを忙しく動きまわっているアリや、花の上をヒラヒラと舞うチョウなどを、じっと眺めたり追いかけまわしたりした自分の姿を思い出します。そして、成長とともに、「ファーブル昆虫記」に夢中になっていきました。

　私の虫好きは、幼い頃から中学生まで続き、中学の夏休みの宿題として昆虫採集に明け暮れた思い出もあります。大きな標本箱にぎっしりと虫の標本を集め、毎年学校で一番の金賞をもらっていたほどです。

　私の場合、それは次第に「動物好き」へと変わっていくのですが、今でも昆虫が目の前に飛んでいれば、キョロキョロとして落ち着かなくなり、興奮してくるのが自分でもわかります。

　地球上には、生き物の中で最も多い、100万種を超える昆虫が生活しています。

参考文献

「ポケット図解 身のまわりで学ぶ 生物のしくみ」 青野裕幸、桑嶋幹 著（秀和システム）

「図解雑学シリーズ 昆虫の不思議」伊沢尚 著 三枝博幸 監修（ナツメ社）

「トンデモない生き物たち」白石拓 著（宝島社）

「魚のホントを教えてあげる」森拓也 著（廣済堂出版）

「図解雑学シリーズ 動物の不思議」成島悦雄 監修（ナツメ社）

「森の虫の100不思議」日本林業技術協会 編（東京書籍）

「動物の大世界百科―アニマルライフ」（日本メール・オーダー社）

「世界で一番キケンな生きもの」千石正一 監修（幻冬舎）

「絶滅危惧の動物事典」川上洋一 著（東京堂出版）

「動物の変わりものたち―世界珍獣物語―」ロビー 著 水野明路、高橋正男 訳（八坂書房）

「動物おもしろ性態学」日本雑学研究会 著（毎日新聞社）

「極限世界のいきものたち」横山雅司 著（彩図社）

「知っておきたい 謎・奇妙・不思議ないきもの」上林祐 著（西東社）

「動物のはてな はてなシリーズvol.2」はてな委員会 編（講談社）

ご協力をいただいた、元上野動物園園長で(財)日本動物愛護協会理事長の中川志郎先生をはじめ、動物のよき友人と、研究者の先生方にお礼を申し上げます。

吉村卓三

吉村卓三（よしむら・たくぞう）

動物学博士・動物学者
元・マルゼン動物ランド園長
元・グリック王国、こども動物園（帯広）園長
アジア平和賞を韓国で受賞（1991）
（社）全国日本学士会・アカデミア賞受賞
（財）日本博物館協会賞受賞
東久邇宮文化褒賞受賞（2010）
現在　社団法人日本作家クラブ　理事長
　　　山梨県道志村　観光振興特別大使
　　　社団法人日本カンボジア協会　理事
　　　社団法人全国日本学士会　評議員
　　　社団法人虹の会　理事
　　　他

主な著書

たまごのふしぎ（オデッセウス刊／児童書）
（JLNA・池田満寿夫ブロンズ賞受賞、全国学校図書館協議会　選定図書指定）
ボクは動物少年だい！（講談社）
動物ものしり事典（日本文芸社）
犬や猫はなぜ夢を見るのか!?（徳間書店）
動物のふしぎ（明治図書）
動物は幼児教育の達人（ハギジン出版）
（社団法人日本図書館協会　選定図書）
動物たちのナイショ話（青山書房）
（全国学校図書館協議会　選定図書指定）
巨鳥が歩んだ道（メタモル出版）
（社団法人日本図書館協会　選定図書）
光の塔（L・H陽光出版）
ほか多数

えっ!?　パンダは肉（にく）が大好（だいす）きだった!!
──いきものたちの不思議（ふしぎ）な生態（せいたい）──

2011年8月22日　初版第一刷発行

著　者　　　　　　　　　　　　　　　　吉村卓三

発行者　　　　　　　　　　　　　　　　木谷仁哉
発行所　　　　　　　　　　　　　　株式会社ブックマン社
　　　　　　　　　　　　101-0065 東京都千代田区西神田 3-3-5
　　　　　　　　　　　　　　　　電話（03）3237-7777
　　　　　　　　　　　　　　　　FAX（03）5226-9599

イラスト：なんばきび
カバーデザイン：秋吉あきら（アキヨシアキラデザイン）
編集：越海辰夫、柴田奈々（越海編集デザイン）
印刷・製本：図書印刷株式会社

©TAKUZO YOSHIMURA,BOOKMAN-SHA, PRINTED IN JAPAN 2011
ISBN 978-4-89308-755-3

定価はカバーに表示してあります。乱丁・落丁本はお取替えいたします。
本書の一部あるいは全部を無断で複写複製及び転載することは、
法律で認められた場合を除き著作権の侵害となります。